通信工程专业精品教材

# 路由与交换技术
## （第 2 版）

李丙春　主编

王文龙　刘　静　张　奎　副主编

電子工業出版社

**Publishing House of Electronics Industry**

北京·BEIJING

## 内 容 简 介

本书主要介绍了路由技术、交换技术和网络接入技术等方面的知识。全书共 7 章，包括模拟环境简介、路由器和交换机的工作原理及基本配置、静态路由、RIP 路由、OSPF 路由、BGP 路由、VLAN 划分和配置管理、访问控制列表技术、设备互连、网络地址转换（NAT）技术、园区网设计、基于 MAC 地址绑定的交换机端口安全、基于 PVLAN 的二层隔离技术、基于 route-map 的多出口策略路由，以及 PPPoE 接入技术的应用等主要内容。

本书坚持理论与应用相结合的原则，突出工程实践性。全书涵盖了构建园区网的主流技术，在介绍技术原理的同时，还选配了大量的典型案例，具有很强的实用性。本书可作为网络工程专业"路由与交换技术"课程的教材，也可作为计算机科学与技术专业"计算机网络"课程的后续拓展教材；同时，还可作为企事业单位从事网络工作的工程技术人员的参考书。

**图书在版编目（CIP）数据**

路由与交换技术 / 李丙春主编. —2 版. —北京：电子工业出版社，2020.3（2024.8 重印）
ISBN 978-7-121-38070-9

Ⅰ. ①路… Ⅱ. ①李… Ⅲ. ①计算机网络－路由选择－高等学校－教材②计算机网络－信息交换机－高等学校－教材 Ⅳ. ①TN915.05

中国版本图书馆 CIP 数据核字（2019）第 256520 号

责任编辑：张小乐
印　　刷：北京虎彩文化传播有限公司
装　　订：北京虎彩文化传播有限公司
出版发行：电子工业出版社
　　　　　北京市海淀区万寿路 173 信箱　　邮编　100036
开　　本：787×1092　1/16　印张：12.75　字数：326.4 千字
版　　次：2016 年 3 月第 1 版
　　　　　2020 年 3 月第 2 版
印　　次：2024 年 7 月第 10 次印刷
定　　价：42.00 元

凡所购买电子工业出版社图书有缺损问题，请向购买书店调换。若书店售缺，请与本社发行部联系，联系及邮购电话：(010)88254888，88258888。

质量投诉请发邮件至 zlts@phei.com.cn，盗版侵权举报请发邮件至 dbqq@phei.com.cn。

本书咨询联系方式：(010)88254462，zhxl@phei.com.cn。

# 第 2 版前言

随着信息技术的发展和互联网的广泛普及，大多数单位都建设了自己的局域网，并连接到互联网，规划、建设、维护和管理好本单位网络，为广大用户提供良好的服务，是网络管理人员的重要职责。因此，掌握路由与交换技术的基本原理和主流设备的配置方法是网络工程人员必备的基本技能。

"路由与交换技术"是计算机网络工程专业的核心课程之一，理论性和实践性都很强。由于该课程是"计算机网络"课程的后续课程，"计算机网络"课程中的部分知识点在本课程中还会涉及，为了避免与"计算机网络"课程中的内容出现简单重复的现象，本书在内容的安排上紧紧围绕构建园区网这条主线，对已有的知识点进行延伸和扩展，在介绍技术原理的同时，将重点放在技术的具体应用上，强调理论与实践相结合。同时，重视工程实践性，各章都选配了典型案例，在案例的选择上注重针对性和实用性，目的在于帮助学生掌握局域网的规划设计、路由与交换设备的配置调试等基本技能，以提高工程实践能力和解决实际问题的能力，真正做到学以致用。

根据本书第 1 版的使用情况和读者的反馈，在保持整体结构不变的基础上，对第 1 版进行了局部修改。其中，主要对第 7 章的部分内容进行了替换，增加了基于 MAC 地址绑定的交换机端口安全、基于私有 VLAN（Private VLAN，PVLAN）的二层隔离技术和策略路由的应用；同时，更正了第 1 版中存在的各类错误。

本书的第 1 章详细介绍 Cisco Packet Tracer 和 GNS3 两款模拟器，帮助学生掌握其使用方法；第 2 章对路由器和交换机的工作原理、主要技术参数、交换机的分类进行简单的介绍，讲解路由器和交换机的配置方法和基本命令，并介绍接口的概念；第 3 章重点讲解静态路由、RIP 路由、OSPF 路由、BGP 路由等常用路由原理，介绍各种路由技术的配置方法；第 4 章介绍 VLAN 的基本原理和应用，主要包括 VLAN 的划分方法、VLAN 的管理、交换机端口的工作模式、VLAN 间的通信、生成树协议（STP）及 DHCP 动态主机地址的获取方法等；第 5 章讲解访问控制列表（ACL）技术，主要介绍基本的访问控制列表、扩展的访问控制列表、命名的访问控制列表、基于时间的访问控制列表和自反的访问控制列表的使用方法；第 6 章讲解网络地址转换和搭建园区网技术，主要包括设备互连方法，静态 NAT、动态 NAT、端口地址转换（PAT）的基本原理和应用，最后综合运用前几章所学知识，搭建一个中型的园区网络；第 7 章讲解基于 MAC 地址绑定的交换机端口安全、基于 PVLAN 的二层隔离技术、基于 route-map 的多出口策略路由及 PPPoE 接入技术的应用。

"路由与交换技术"是一门实践性很强的课程，如果只是对路由器和交换机的命令死记硬背并没有多大意义，必须要进行大量的实践才能加深理解。而传统的网络实验室需要使用路由器、交换机、服务器等大量的硬件设备，这些设备的价格较高，通常学校不可能购买太多的台（套）数，使得实验室运转较为困难。同时，如果在学生还没有掌握基本技术的情况下就直接在真实设备上做实验，效率也会较低。基于此，本书引入了 Cisco Packet Tracer 和 GNS3 两款模拟软件进行辅助教学。

全书由李丙春老师组织策划并统稿。第 1 章、第 5 章、第 6 章和第 7 章由李丙春老师编写，第 2 章由刘静老师编写，第 3 章由王文龙老师编写，第 4 章由张奎老师编写。

由于时间关系和编者水平有限，书中可能存在许多不足之处，恳请广大师生批评指正。

编　者

2019 年 10 月

# 目　　录

# 第1章 模拟环境介绍

实验环境的搭建是学习路由与交换技术的重要环节，传统的网络实验室需要使用路由器、交换机、防火墙、服务器等大量的硬件设备，这些设备价格较高，通常学校不可能购买太多台（套）数，使得实验室运转较为困难。另一方面，硬件设备的更新速度快，实验设备很难跟上硬件更新的步伐。同时，对初学者来说，在基本技术还不熟练的情况下就直接在真实设备上做实验，会导致效率不高、实验效果不理想的结果。借助于硬件虚拟化技术，使用模拟器来构建实验环境，学生先在软件模拟环境下学习基本命令，掌握了基本技术以后，再到真实设备上做实验，可以很好地改善实验效果。

本书的实验将使用两个模拟器：一个是 Cisco 模拟器；另一个是第三方模拟器 GNS3。Cisco 模拟器的最大优点是简单易用，可以支持基本的路由和交换命令。GNS3 模拟器可以直接使用 IOS 文件，支持的命令比前者多，功能更强。本章简要介绍这两款模拟器的基本用法。

## 1.1 Packet Tracer 6.0 模拟器

Packet Tracer 6.0 是 Cisco 公司 2013 年发行的最新模拟器软件（以下简称 Cisco PT），在前期 5.3 版本的基础上增加了 CCNP 的部分功能。下面对该模拟器进行简要介绍。

### 1.1.1 Cisco PT 的主界面和基本功能区

软件安装完成后，启动软件的主界面如图 1-1 所示。

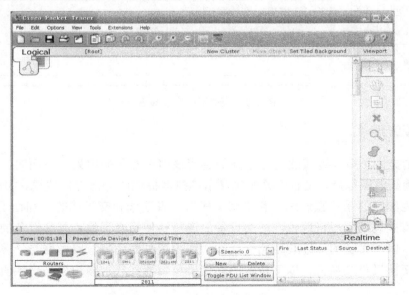

图 1-1　Cisco PT 运行的主界面

主界面的顶部区域是菜单区，与其他大多数软件类似，有 File、Edit、Options、View、Tools、Extensions 和 Help 主菜单，每个主菜单下还有子菜单，用于实现软件的全部功能。

菜单区下方的区域是常用工具按钮，用于实现一些常用的菜单功能。

工具按钮区下面有一个大的空白区域，这就是 Cisco PT 的工作区，可以将路由器和交换机等实验设备拖入此区域，完成拓扑图的创建工作。

主界面的底部区域是模拟器提供的网络设备，主要有路由器、交换机、连接线、终端设备等。

右边的区域主要是一些工具类，包括选择设备、移动设备、备注设备、删除设备、图形绘制、拓扑图的缩放，还有两个信封图案表示的工具，分别是 Add Simple PDU 和 Add Complex PDU，用来查看数据包的传输路径。

### 1.1.2　设备区介绍

Cisco PT 的使用很简单，重点是要掌握设备的使用。下面介绍该模拟器提供的主要设备。

图 1-1 所示界面的左下角是模拟器提供的全部设备，单击其中一个图标就会出现该类别的全部设备，如图 1-2 所示。单击"路由器"图标，将会在右边显示 Cisco PT 为用户提供的全部路由器，单击"交换机"图标，将显示可以使用的全部交换机。需要注意的是，只有3560 是三层交换机，其余都是二层交换机。

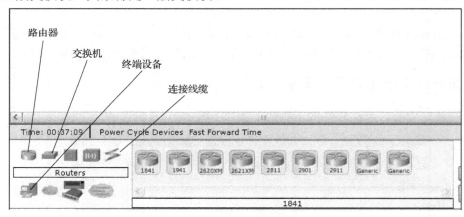

图 1-2　模拟器的主要设备

### 1.1.3　连接线缆

Cisco PT 提供了多种连接线缆，不同的连接线缆有不同的用处，下面对其进行简要介绍。单击连接线缆图标后，在右侧界面将显示模拟器提供的全部连接线缆，如图 1-3 所示。其中使用最为频繁的是"直连线"和"交叉线"，直连线和交叉线的区别在于线序不同，具体可参见有关说明。严格地说，同类设备的连接要使用交叉线，异类设备的连接使用直连线，例如，以下设备的互连要使用交叉线：路由器与路由器，路由器与计算机，计算机与计算机，交换机与交换机；以下设备的互连要使用直连线：路由器与交换机，计算机与交换机。

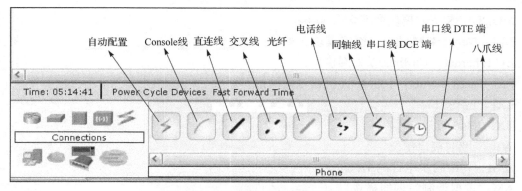

图 1-3　模拟器提供的全部连接线缆

现在的网络设备基本都能够自动识别对端设备，可以自动调节连接方式，对所谓的直连线、交叉线的区分已经不那么严格，也就是说，同类设备也可以使用直连线来连接。在模拟器环境下，有一个称为"自动配置"的连接线用来自动匹配两边的设备，但是最好不要用此功能，因为模拟器毕竟没有真实的网络设备那样智能，否则可能会产生一些难以排除的故障。

## 1.1.4　设备模块

在工作区的拓扑图上单击某个模块化的设备，弹出如图 1-4 所示的窗口，在窗口的左上角有三个名为 Physical、Config 和 CLI 的选项卡，其中 Config 选项卡用于可视化的配置，一般很少使用。CLI 是命令行接口，对设备的配置就在这里完成，也就是对设备写入命令行脚本文件，它是学习和使用网络设备的关键场所。当所选用的设备模块不够时，可以在 Physical 选项卡下自己动手添加所需的模块。

在添加模块之前要手动关闭电源，单击电源开关即可关闭，模块添加完毕后，再单击电源开关开启设备电源。下面对各模块做简要说明。

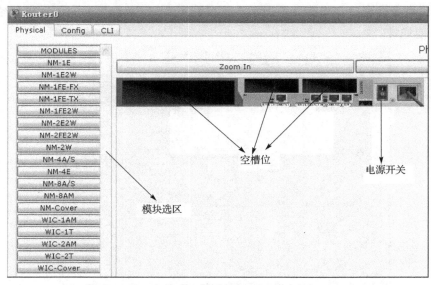

图 1-4　为设备添加模块

MODULES 下的模块命名含义如下：

NM：Network Module，网络模块。

E：Ethernet，10Mbps 以太网接口。

FE：Fast Ethernet，100Mbps 快速以太网接口。

FX：光纤接口。

TX：RJ45 接口。

W：广域网接口槽位。

A/S：异步/同步串行网络模块。

AM：模拟调制解调器模块。

WIC：WLAN Interface Card，即广域网接口卡。

T：串行广域网接口，也就是 serial 接口。

模拟器中可以使用的模块名称是这些缩写的组合，例如，NM-1FE-FX 表示提供一个 100Mbps 光纤模块；NM-1FE2W 表示提供一个 100Mbps 模块和两个广域网接口槽位，在广域网接口槽位上可以插一个 WIC-2T 卡或两个 WIC-1T 卡；NM-4A/S 表示带 4 端口的异步/同步串行网络模块；WIC-1T 表示一个 serial 接口，可以插入包含 W 的 NM 模块中。

实际上，这些模块在早期的路由器中使用得多一些，现在的路由器则使用得较少，现在的路由器一般都使用千兆光纤模块，甚至是万兆光纤模块。

## 1.1.5 终端设备

在终端设备中用得较多的是 PC 和服务器，有关模拟器中的服务器将在后续部分中讲解，这里只对 PC 做简要介绍。单击拓扑图中的 PC 图标，弹出如图 1-5 所示的窗口，窗口上方有 4 个选项卡，最常用的是 Desktop 选项卡，单击其中的 IP Configuration 图标后，会弹出配置 IP 地址的窗口，可配置静态地址和动态地址，如图 1-6 所示。单击 Command Prompt 图标，会弹出 DOS 命令行窗口，如图 1-7 所示，可在其中运行 "ping" 命令，后面会经常用它来测试网络的连通性。

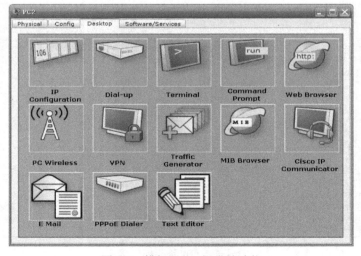

图 1-5　模拟器 PC 提供的功能

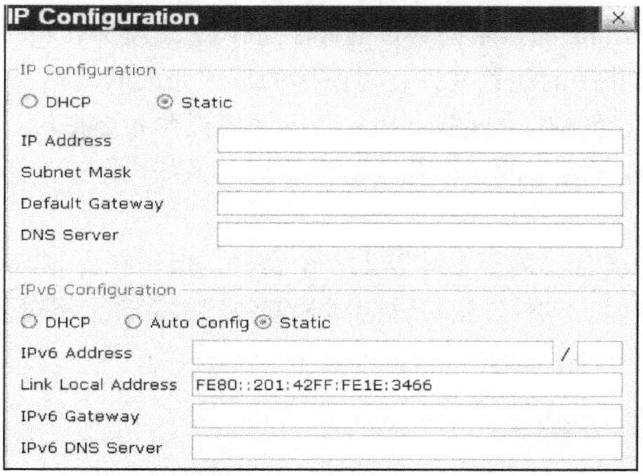

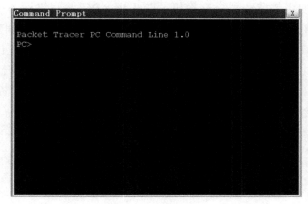

图 1-6　IP 地址配置窗口

图 1-7　命令行窗口

## 1.1.6　保存和打开文件

如果需要保存当前建立的拓扑图和设备的配置文件，可以使用主菜单 File 下面的 Save 子菜单来完成。该操作可将拓扑图和设备的配置文件整体保存到一个扩展名为 pkt 的文件中，下次打开该文件时，系统会把拓扑图和图中各个设备的配置文件一起打开。

## 1.2　GNS3 模拟器

GNS3 模拟器是一款基于 Dynamips 的图形化界面的 Cisco 模拟软件，由于该模拟软件可以直接使用 Cisco 的 IOS 文件，因此，该模拟软件中的路由器和交换机几乎和真实设备一样。该软件具有非常高的仿真度，只要安装在计算机上就可以完成实验，不受时间、地点和数量的限制，具有非常好的实验效果。GNS3 模拟器整合了以下 4 个套件。

Dynamips：一款可以让用户直接运行 Cisco 系统（IOS）的模拟器。Dynamips 不同于传统的纯软件式模拟器，它可以模拟多种型号的 Cisco 路由器硬件平台，由于可以在模拟器中直接加载并运行真正的 IOS 镜像文件，因此可以使用 IOS 所支持的所有命令和参数，并且得到的结果与真实设备的结果相同。

Dynagen：是 Dynamips 的显示前端，实际上 GNS3 就是 Dynagen 图形化前端，可以省去用户手工编写网络拓扑图的配置文件，以图标的形式完成网络拓扑图的构建。

Pemu：是一个基于 QEMU 的 Cisco PIX 防火墙模拟器和虚拟机。

Winpcap：Windows 平台下的一个免费的网络通信系统，为 Windows 应用程序提供访问网络底层的能力。

要使用 GNS3 模拟平台，需要安装以上 4 个套件，但现在有 all-in-one 版本，例如 0.8.3 版本的 GNS3 同时包含以上软件，安装时会同时安装相关软件，不需要用户逐个地安装，非常方便。

### 1.2.1 GNS3 的主要功能区

GNS3 启动后的界面如图 1-8 所示，包含以下几个主要区域：位于左侧的是设备区，该区域中包含了我们要使用的路由器、交换机、防火墙、PC 等网络设备；中间最大的空白区域是工作区，或称为拓扑区，从设备区中将网络设备拖入该区域可以创建网络拓扑图，构建虚拟网络环境，该区域是我们工作的重要场所；右侧是拓扑汇总区，在该区域可以查看拓扑图中所使用的设备，以及每台设备各端口的连接情况；正下方是控制台区，即 Dynagen 控制台，在这里可以输入 Dynagen 的各种命令，也可以查看输出结果；最上方是工具栏，包含常用的命令按钮和连接链路。

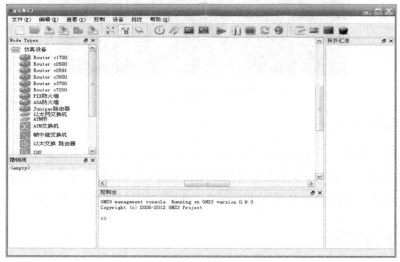

图 1-8　GNS3 启动后的界面

### 1.2.2 基本配置

#### 1. 配置 Dynamips 的工作环境

GNS3 的主要软件是 Dynamips，需要让 GNS3 知道 Dynamips 的安装位置，以便正常工作。通过菜单"编辑/首选项"打开"首选项"对话框，选择左边的 Dynamips 项目，将 Dynamips 安装后的目录填写在"Dynamips 可执行路径"中，当然不填写安装目录也可以，它将自动寻找。另一个需要填写的是"Dynamips 工作路径"，系统会默认一个工作目录，但由于

Dynamips 在运行过程中会产生大量的临时文件，因此建议自建一个工作目录，将其填写在"Dynamips 工作路径"中。最后测试 GNS3 能否正常调用 Dynamips，单击"测试设置"按钮，若出现"Dynamips 0.2.8-RC3 成功启动"，则 Dynamips 配置成功。配置界面如图 1-9 所示。

图 1-9　配置 Dynamips 的工作环境

同时，还可以在"首选项"对话框中设置其他选项，例如，选择"一般"项目，可配置 GNS3 的工程目录和 IOS 文件的存放位置等。

## 2. 配置 IOS 镜像文件

GNS3 本身不附带 Cisco 的 IOS 文件，用户需要自己准备 IOS 文件。将准备好的 IOS 文件放在某个文件夹中，通过"编辑/IOS 和 Hypervisor"命令打开配置对话框，指定 IOS 镜像文件的位置和文件名，选择与之匹配的设备平台和设备型号。例如，Cisco 7200 路由器可以使用的 IOS 文件为 c7200-adventerprisek9-mz.124-15.T5.image 等，如图 1-10 所示。

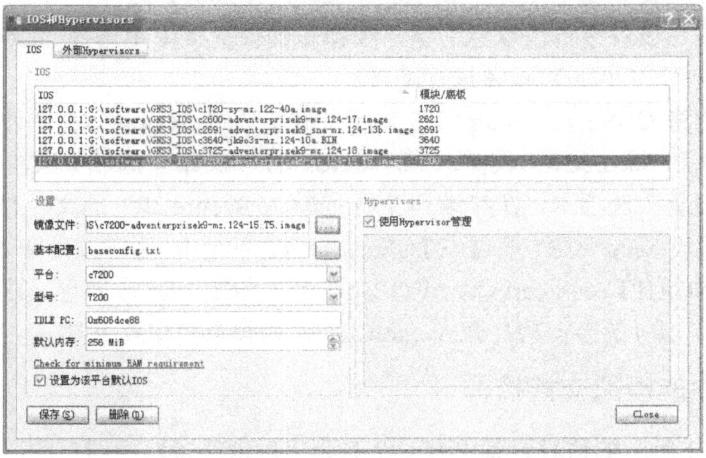

图 1-10　配置 IOS 镜像文件

### 3. 配置设备的 IDLE PC 值

GNS3 最大的缺点就是消耗资源较多，当网络拓扑图较大，开启多台网络设备时，计算机的运行速度会很慢，有时 CPU 利用率会达到 100%，严重影响计算机的使用。事实上，GNS3 允许通过调整设备的 IDLE PC 值来减少设备对 CPU 资源的占用，从而提高计算机的运行速度。配置方法是：在拓扑图中先启动某一型号的设备（右键单击设备，在弹出的快捷菜单中选择"启动"项）；然后在弹出的快捷菜单中选择"IDLE PC"项。系统会为该型号的设备计算出若干 IDLE PC 值，同时系统可能给出一个推荐值，即带 * 号的值，有时不会出现带 * 号的值，没有关系，根据使用经验来看，带 * 号的值未必就是最优的，往往选择最大的一个作为 IDLE PC 值会更好；最后保存即可，如图 1-11 所示。

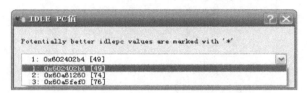

图 1-11　计算 IDLE PC 值

关于 IDLE PC 值的计算是使用 GNS3 模拟器中很重要的一环，不设置或者设置得不好，将有可能导致运行不下去，因此一定要找到一个比较理想的值。一般的做法是，先打开 Windows 的资源管理器，记住 CPU 的利用率，再计算 IDLE PC 值，可能需要多计算几次，直到 CPU 的利用率得到大幅下降。另外，不同型号的路由器和交换机要单独计算。

再次执行"编辑/IOS 和 Hypervisor"命令时，在弹出的对话框中，"IDLE PC"一栏处就有了 IDLE PC 值，不必再计算。

## 1.2.3　登录和配置设备

在 GNS3 中可以通过多种方法登录和配置路由器。

第一种方法是在控制台使用 list 命令，列出拓扑图中的全部设备、初始地址和端口情况，用 Windows 自带的 Telnet 进行登录，如 Telnet 127.0.0.1 2001，这种方法占用内存资源较多。

第二种方法是在设备上单击鼠标右键，在弹出的快捷菜单中选择"Console"项，弹出一个 Putty 工具，在此工具中对设备进行配置。

第三种方法是将 GNS3 与 SecureCRT 进行关联，通过 SecureCRT 软件来登录和配置设备。安装好 GNS3 和 SecureCRT 软件，打开 GNS3 的"编辑/首选项"菜单，在"一般"项目中选择"终端设置"选项卡，在终端命令行处输入 SecureCRT 的文件位置的相关参数，如图 1-12 所示。假设 SecureCRT 安装在 D:/SecureCRT 目录中，则在该处输入"D:\SecureCRT\SecureCRT.EXE"\SCRIPT securecrt.vbs\ARG %d\T\TELNET %h %p 即可。这样，下次在设备中选择"Console"项时就会自动打开 SecureCRT 作为登录和配置工具。

## 1.2.4　GNS3 中的模拟交换机

在 GNS3 0.8.3 版本的仿真设备中有一个名为"以太交换路由器"的图标，可以当作三层交换机来使用，但它是用路由器来模拟三层交换机的，因此需要为它添加交换模块。例如，给它添加一个 NM-16ESW 模块，或者使用 c3600 路由器来模拟三层交换机，IOS 文件需要使用 c3640-jk9o3s-mz.124-10a.bin。在拓扑图中，右键单击交换机设备，在弹出的快捷菜单中选"配置"项，在"节点配置"对话框中选择设备名称，再单击"插槽"选项卡，在"slot 1"下拉菜单中选择"NM-16ESW"，这样它就会带 16 个 100Mbps 以太网接口，如图 1-13 所示。如果要用它来模拟二层交换机，只需要关闭它的路由功能即可（no ip routing）。

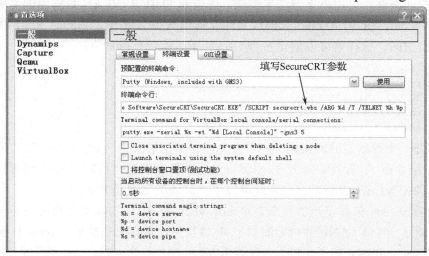

图 1-12　配置 SecureCRT 参数

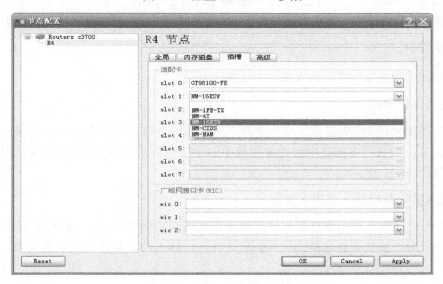

图 1-13　添加 NM-16ESW 模块

　　由于在 GNS3 中毕竟是用路由器来模拟交换机的，与使用真实的交换机相比起来有以下差异。

　　（1）只能在 VLAN database 中创建 VLAN，不能在 Config 模式下创建 VLAN。

　　（2）当创建多个 VLAN 时可能不成功，在用 exit 从 VLAN 数据库返回时，如果出现以下错误提示信息：

```
R1(vlan)#exit
% not enough space on flash to store vlan database. trying squeeze...
squeeze of flash complete
% not enough space on flash to store vlan database even after squeeze
Error on database apply 40: NV storage failure
Use 'abort' command to exit
```

表明 Flash 空间不够，可用以下方法来解决。先查看 Flash 中 VLAN 数据库的名称，一般情况下是 VLAN.dat，将 VLAN.dat 数据库文件复制到 NVRAM 中，再删除 Flash 中的文件，为 Flash 腾出空间，这样就可以创建多个 VLAN 了。执行代码如下：

```
R1(vlan)#abort
R1#dir flash:
R1#copy vlan.dat  nvram:
R1#erase flash:
R1# squeeze flash:
```

（3）打开一个存储过的网络拓扑图，并为之加载配置文件（.cfg 文件）时，发现原先创建的 VLAN 不存在了，需要重新创建。原因可能是在保存配置文件时，GNS3 没有保存 VLAN 数据库，只要把 VLAN 重新建立一遍就可以了，其他的配置是有效的。

（4）查看 VLAN 信息使用的命令是"show vlan-swich"，与真实交换机的不一样。

（5）创建了一个 VLAN，并给它配置了 IP 地址后，此时在交换机中 ping 不通 VLAN 的地址，用"show interface VLAN 10"命令查看 VLAN 10 的状态时，显示结果为"VLAN10 is up, line protocol is down"，即 VLAN 10 的链路协议处于 down 状态。原因是必须至少有一个端口使用了该 VLAN，并且该端口必须处于 up 状态时，VLAN 的链路协议才会处于 up 状态。

### 1.2.5 模拟 PC

在 GNS3 中模拟 PC 有 4 种方法，下面简要介绍。

#### 1. 用路由器模拟 PC

用路由器来模拟 PC 的方法，适用于测试网络的连通性。由于 GNS3 中的路由器运行时占用资源较多，如果网络拓扑中需要使用较多的 PC，将会严重影响运行速度，因此一般不推荐使用这种方法。

#### 2. 将真实计算机接入虚拟实验平台

GNS3 的特色之一是允许将真实计算机连接到虚拟实验平台中，只要修改自己网卡的 IP 地址即可，让用户感觉和真实网络一样。但这种方法接入的真实计算机数量有限，适合于小型实验。

#### 3. 用 VMware 模拟 PC

首先，在真实计算机上添加 Microsoft Loopback Adapter 网卡，假设为"本地连接 2"，用于真实计算机与 GNS3 交互的接口。然后，在 GNS3 中添加一个 Cloud 虚拟设备，即虚拟 PC，将该虚拟设备的网卡配置为"本地连接 2"。打开 VMware Workstation，在它的虚拟机配置中，将网卡的连接方式选定为"VMnet"。在 GNS3 中添加另一个 Cloud 虚拟设备，将它的网卡配置为"VMnet"。这样两台虚拟的 PC 就可以通过网络进行通信了。

#### 4．用 VPCS 模拟 PC

安装 VPCS 软件后就可以用它来模拟 PC 了，VPCS 最多允许使用 9 台虚拟 PC。在网络拓扑中添加 Host 或 Cloud 作为虚拟 PC，如果添加了多个虚拟 PC，则需要在它的"NIO UDP"中为其设置不同的本地端口和远程端口。例如，第一台虚拟 PC 的本地端口和远程端口分别为 30000 和 20000，则第二台虚拟 PC 的本地端口和远程端口应设置为 30001 和 20001，依次类推。

给虚拟 PC 配置 IP 地址：运行 VPCS，会出现 DOS 窗口，在这里为虚拟 PC 配置 IP 地址，命令格式为

```
IP+地址 +网关+CIDR 位数
```

例如"ip 192.168.1.70　192.168.1.65　26"，表示它的 IP 地址为 192.168.1.70，网关为 192.168.1.65，子网掩码为 255.255.255.192。

可以用"show"命令查看全部虚拟设备的情况，用数字 1～9 在不同虚拟 PC 之间进行切换，可以用"ping"命令测试连通性，也可以用"tracert"命令进行简单的路由跟踪。

### 1.2.6　保存和打开文件

#### 1．保存文件

GNS3 是将拓扑图和设备的配置文件分开保存的，在使用 Save 菜单保存文件时，只保存拓扑图，不保存各个设备的配置文件。因此，如果想要同时保存网络拓扑图和设备的配置文件，需要按以下步骤进行保存。

（1）保存拓扑图。使用主菜单 File 下面的 Save 子菜单保存当前工作区的网络拓扑图，文件的扩展名自动定义为 net。

（2）保存设备配置文件。单击工具栏中的"导入/导出 Startup 配置"按钮，在弹出的对话框中选择"解压到目录"选项，单击"OK"按钮，将弹出"文件夹选择"对话框，选择一个自己的工作文件夹，即可将拓扑图中每个设备的配置分别保存到扩展名为 cfg 的文件中。

#### 2．打开文件

与保存文件的操作类似，先打开拓扑图，再单击工具栏中的"导入/导出 Startup 配置"按钮，在对话框中选择"从目录中导入"选项，就会自动加载各个设备的配置文件。

## 习题 1

1.1　熟悉 Cisco Packet Tracer 6.0 模拟环境，掌握该模拟软件提供的各种型号的路由器、交换机的区别和各类线缆的用途，掌握网络拓扑图的创建方法。

1.2　熟悉 GNS3 模拟环境，掌握路由器 IOS 文件的导入、拓扑图的创建、设备模块的添加、设备的启动和进入设备配置等方法。

# 第2章　路由交换设备介绍和基础配置

路由器和交换机是构建网络的基础,学习路由与交换技术必须首先掌握路由器和交换机的基本原理。本章首先介绍路由器和交换机的组成结构、工作原理和主要技术指标,以及交换机的分类,并对网络中的接口概念做重点说明;然后,介绍路由器和交换机的配置方式和初始配置,并给出路由器和交换机的一些基本命令;最后,介绍路由器和交换机管理地址的配置方法。本章是全书的基础,学好本章的内容对后续各章的学习将有很大的帮助。

## 2.1　路由器

路由器工作在网络层,是不同网络之间互相连接的枢纽,是能够选择数据发送的路径并对数据进行转发的网络设备。路由器的概念模型如图 2-1 所示。从通信的角度看,路由器是一种中继系统。

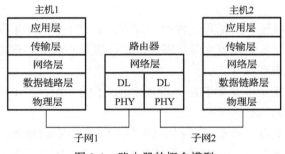

图 2-1　路由器的概念模型

### 2.1.1　路由器的组成

路由器实质上是一种专用计算机,由硬件和软件组成。硬件主要包括中央处理器(Central Processor Unit,CPU)、存储器和接口(端口)等;软件包括路由器的操作系统(如 Cisco 路由器的 IOS 文件)和运行配置文件。

#### 1. CPU

路由器与计算机一样,也包含一个中央处理器(CPU)。CPU 是路由器的核心部件,对路由器的性能起决定性作用。CPU 负责交换路由信息、维护路由表、执行路由协议,以及转发数据包。不同系列和型号的路由器,其 CPU 也不尽相同。

#### 2. 存储器

路由器的存储器主要有 4 种类型:RAM、ROM、NVRAM、Flash,每种存储器以不同方式协助路由器工作。

（1）RAM（Random Access Memory，随机存取存储器）提供临时数据的存储，主要包括路由表信息、ARP 的高速缓存信息和运行配置文件（Running-config）等，便于路由器的 CPU 迅速访问。

（2）ROM（Read Only Memory，只读存储器）相当于计算机中的 BIOS，用于保存设备的引导文件，包括系统加电自检代码（Power On Self Test，POST）和系统引导区代码（Boot Strap），主要用于系统初始化。通常 ROM 中还保存了备份的 IOS 操作系统，当闪存中的 IOS 不能正常启动时，可使用 ROM 中的备份。

（3）NVRAM（Nonvolatile RAM，非易失性 RAM）是可读可写的存储器，用来保存路由器的启动配置文件（Startup-config）。

（4）Flash（闪存）是可读可写的存储器，相当于计算机中的硬盘，主要存储 IOS 操作系统，通过改写闪存中的内容就可以对路由器的 IOS 进行升级。

### 3. 端口

路由器能够实现的不同类型网络间的物理连接都是通过端口完成的，路由器的端口技术非常复杂，不同型号的路由器，其端口的类型和数目也不尽相同。下面分别介绍几种常见的路由器端口。

（1）RJ-45 端口：是双绞线以太网端口，常见的有 10Mbps、100Mbps、1000Mbps，如果路由器之间是短距离连接，可以使用 100Mbps 或 1000Mbps 的 RJ-45 端口。

（2）GBIC 端口：GBIC（Giga Bit-rate Interface Converter）称为千兆位接口转换器，是一种热插拔的输入/输出设备，插入千兆位以太网端口/插槽内，GBIC 是负责将端口与光纤网络连接在一起，实现千兆位电信号与光信号相互转换的接口器件。

（3）SFP 端口：SFP 是 Small Form-factor Pluggable 的缩写，是 GBIC 的升级版本。SFP 模块体积比 GBIC 模块的小一半，其他功能与 GBIC 基本一致。有时也称 SFP 模块为小型化 GBIC（Mini-GBIC）。

（4）AUI 端口：是用来与粗同轴电缆连接的端口。路由器借助于外接的收发器（AUI-to-RJ-45），实现与 10Base-T 以太网络的连接。

（5）高速同步串口（SERIAL）：用来连接 DDN、FR（帧中继）、PSTN（模拟电话线路）、X.25 等。

（6）异步串口（ASYNC）：主要应用于 Modem 或 Modem 池的连接，实现远程计算机通过公用电话网拨入网络。

（7）ISDN BRI 接口：用于连接 ISDN 网络，通过路由器实现与 Internet 或其他远程网络的连接。

（8）xDSL 端口：用于连接 xDSL 线路。

（9）Console 端口：是专门用于对路由器或者交换机进行管理和配置的端口，该端口为异步端口，使用配置专用连线直接连接至计算机的串口，用于在本地对路由器进行配置（首次配置必须经过 Console 端口进行）。

（10）AUX 接口：该端口为异步端口，主要用于路由器的远程配置连接，也可用于拨号连接，还能够通过收发器与 Modem 连接，支持硬件流控制。

目前市面上的路由器一般都提供 SFP 光纤接口、RJ-45 端口和 Console 端口，其他端口应用得相对较少。

## 2.1.2 路由器的工作原理

路由器是实现不同网络互联的关键设备，主要作用是负责 IP 分组的路由选择和转发。其基本工作原理如下。

（1）当数据包到达路由器时，路由器依据网络物理接口的类型调用相应的链路层模块，分析处理此数据包的链路层协议报头，主要是对数据进行完整性验证。

（2）路由器根据 IP 分组的目的 IP 地址，在路由表中查找下一跳 IP 地址。这一过程是路由器功能的核心，具体过程如下。

路由器将 IP 分组的源 IP 地址和目的主机 IP 地址分别与子网掩码进行"按位与"操作，如果结果相同，说明源主机与目的主机在同一个子网中，IP 分组被直接送达（称为直接路由选择）。否则，说明源主机与目的主机不在同一个子网中，IP 分组要经过其他路由器才能到达目的地（称为间接路由选择），此时 IP 分组交由路由器的转发模块，通过有关的路由算法，在路由表中查找与目的 IP 地址相关的目标网络路径。如果找到了，路由器通过找到的路径转发 IP 分组；否则，路由器返回一个"无法到达"的 ICMP 报文，并丢弃该数据包。

（3）根据在路由表中查找到的下一跳 IP 地址，对 IP 分组进行封装，添加相应的链路层包头等，最后通过输出端口发送出去。

综上所述，路由器的主要功能是为每一个 IP 分组找到最佳传输路径。路由表为路由器选择最佳路径提供了依据。路由表中的项目主要包括目的网络地址、下一跳、出口接口和跳数等。那么，如何建立路由表中的路由条目呢？主要有两种方式：静态路由和动态路由。静态路由表中的每一条路由条目都是由管理员手工配置的，适合于小规模的简单网络。动态路由则是通过路由选择协议自动更新自己的路由表，并告诉其他路由器自己知道的网络变化情况，这种自动学习的特点使得动态路由能够较好地适应网络状态的变化。所以动态路由适合于规模较大、拓扑结构复杂的网络。常见的动态路由协议有：距离矢量路由选择协议（RIP）、链路状态路由选择协议（OSPF）、边界网关协议（BGP），这些内容将在后面的章节中详细介绍。

## 2.1.3 路由器的结构

从功能上看，路由器由路由模块、交换模块和接口卡三部分组成，如图 2-2 所示。

### 1. 路由模块

路由模块执行路由协议算法、生成路由表，以及其他的管理任务。

### 2. 接口卡

接口卡的任务是接收和发送数据流，IP 分组的封装与拆封，以及输入/输出队列管理。接口卡通过传输介质连接其他的路由器或者交换机，不同类型的传输介质使用不同的接口，若传输介质是双绞线，则使用 RJ-45 电接口；若传输介质是光纤，则使用光纤接口（如 SFP）。当路由器接收数据时，接口卡从物理信号中分离出数据链路层帧，再从数据链路层帧分离出

IP 分组，交给交换模块处理。当路由器发送数据时，接口卡将 IP 分组封装成数据链路层帧，并将数据链路层帧转换成物理信号发送到物理介质上。如果连接介质是光纤，接口卡在接收和发送数据时还需执行光/电转换。为了保障 IP 分组的正确收发，接口卡需要使用输入、输出队列来暂存不能立即处理的分组。

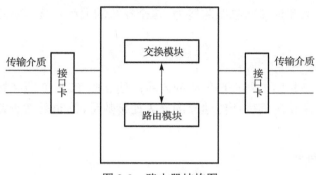

图 2-2　路由器结构图

### 3．交换模块

当接口卡从传输介质上接收到物理信号并分离出 IP 分组后，就将该分组交给交换模块。交换模块用 IP 分组中的目的地址检索路由表，如果路由表条目中存在与之对应的转发路径，接口卡就从该路径对应的端口把 IP 分组发送出去，否则丢弃该 IP 分组。

随着技术的发展，现在大多数路由器的端口速率都是千兆级的，甚至是万兆级的，路由器端口单位时间内收发的 IP 分组数量非常大，这就对路由器中的交换模块提出了很高的要求，为了及时处理这些 IP 分组，大多数厂家的路由器都使用专用硬件来实现交换模块的功能。

## 2.1.4　路由器的主要技术指标

路由器的关键技术指标包括：吞吐量、背板能力、丢包率、并发连接数、每秒新建连接数、时延与时延抖动和背靠背帧数。

### 1．吞吐量

网络中的数据是由一个一个的数据包组成的，吞吐量是指路由器的数据包转发能力，是路由器性能的重要指标。吞吐量与路由器的端口数量、端口速率、数据包的类型和数据包的长度有关。吞吐量主要包括两个方面：整机吞吐量和端口吞吐量。整机吞吐量是指路由器整机的包转发能力，端口吞吐量是指路由器某一个端口的包转发能力。

### 2．背板能力

背板是路由器输入与输出端口之间的物理通道。路由器的背板能力是由路由器的内部实现结构决定的。传统的路由器采用共享背板结构，高性能路由器则采用可交换式背板结构。

### 3．丢包率

丢包率是指路由器在稳定的持续负荷下，丢失数据包数量占所发送数据包数量的比例。丢包率通常是衡量路由器超负荷工作时的性能指标之一。

#### 4．并发连接数

用户在访问网络时，每打开一个 Web 页面就会建立一个或者多个 IP 连接，每一个 IP 连接就是一个会话，路由器所能处理的最大会话数量就是最大并发连接数。

并发连接数是路由器能够同时处理的点对点连接的最大数目，它反映出路由器设备对多个连接的访问控制能力和连接状态跟踪能力，这个参数的大小直接影响路由器所能支持的最大信息点数。

#### 5．每秒新建连接数

每秒新建连接数是指路由器在单位时间内所能建立的 TCP/IP 连接数量，这个参数的大小直接影响路由器在单位时间内所能建立的最大连接数量，这也是考查路由器性能的一个重要指标。

#### 6．时延与时延抖动

时延是指数据包的第一个比特进入路由器到最后一个比特从路由器输出的时间间隔。该时间间隔标志着路由器转发包的处理时间。时延与数据包长度和链路速率有关。时延对网络性能影响较大，作为高速路由器，一般要求对 1518byte 及以下的 IP 分组的时延要小于 1ms。

时延抖动是指时延的变化。数据业务对时延抖动要求不高，一般不把时延抖动作为衡量高速路由器的主要技术指标，而对于视频、语音等实时业务，该指标就很重要。

#### 7．背靠背帧数

背靠背帧数是指以最小帧间隔发送最多数据包不引起丢包时的数据包数量。该指标用于测试路由器的缓存能力。有全双工线速转发能力的路由器，该指标值无限大。

## 2.2　交换机

### 2.2.1　交换机的工作原理

交换机属于存储转发设备，是网络的核心设备，交换机根据所接收帧的目的 MAC 地址对帧进行存储转发或者过滤，其工作的基本原理如下。

（1）交换机可以在同一时刻实现多个端口之间的数据传输。为了保证交换机能够根据 MAC 地址确定将 MAC 帧发送到某个端口，这就需要在交换机内部创建目的 MAC 地址到端口的映射关系，即转发表。

（2）交换机刚通电时，转发表为空。交换机每收到一个数据帧时，它首先会记录数据帧的源端口和源 MAC 地址的对应关系，若该对应关系在转发表中不存在，则将该对应关系添加到转发表中，否则就不需要添加。

（3）交换机会读取数据帧的目的 MAC 地址，在转发表中查找该目的 MAC 地址对应的端口。

（4）若转发表中有目的 MAC 地址的表项，交换机就把帧从表项指明的端口发送出去。

（5）若转发表中没有该目的 MAC 地址对应的表项，交换机则将该帧发送到除源端口以外的其他所有端口，也就是进行广播。

（6）目的主机收到这个数据帧后，要返回一个响应数据帧，交换机收到响应数据帧后，提取其中的源 MAC 地址和源端口，并将其添加到转发表中。这就是所谓的逆向学习法，交换机就是采用逆向学习法逐步建立起转发表，实现主机之间的数据交换。

（7）考虑到网络的拓扑结构会时常更新，为转发表的每个表项设置一个生存期。当一个表项的生存期到期后，就删除该表项；同样，转发表通过学习创建一个新表项时，也会为其设定一个生存期。

## 2.2.2　交换机的结构和交换方式

交换机具有多个端口，每个端口可以连接一台计算机。交换机的内部一般采用背板总线交换结构，为每一个端口提供一个共享介质。交换机结构示意图如图 2-3 所示。

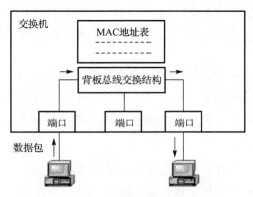

图 2-3　交换机结构示意图

交换机在传送数据时，通常采用帧交换（Frame Switching），该技术包括以下三种主要的交换方式。

（1）存储转发方式

存储转发（Store-and-Forward）方式是交换机的基本转发方式。交换机在转发数据帧前，先将该数据帧完全接收并存储在缓冲器中，并对帧进行 CRC 校验，无错时才对帧进行转发。其间，交换机需要读取数据帧的目的地址与源地址，并在 MAC 地址列表中进行适当的过滤。存储转发方式具有帧缓冲能力，支持不同速率端口间的帧转发，其缺点是时延大。

（2）直通方式

直通方式（Cut Through）是指交换机并不需要把整个数据帧全部接收再转发，而是边接收边检测帧的首部，只要得到帧的目的地址即可执行过滤与转发操作。直通方式的优点是转发速度快，时延小，但由于没有进行差错检验，因此无法过滤错误帧。

（3）无碎片方式

无碎片方式（Fragment Free）是改进后的直通方式。以太网规定，凡长度小于 64byte 的帧为无效帧或碎片帧，交换机在接收数据帧时，接收到帧的前 64byte 后就可直接进行转发操作。无碎片方式过滤掉了碎片帧，转发速率介于前两者之间，被广泛应用于中低档交换机中。

### 2.2.3　交换机的端口

交换机的端口与路由器端口类似，但其数量更多，目前的交换机主要使用以下端口。

#### 1．RJ-45 端口

用于连接双绞线的 RJ-45 端口是最常见的交换机端口，目前这种端口主要有 100Mbps 和 1000Mbps，用于连接用户计算机。比如常说的"24 口 100M 交换机"就是指该交换机有 24 个 100Mbps 以太网电端口，"48 口交换机"有 48 个 100Mbps 以太网电端口。如果端口是 1000Mbps，则要求使用 6 类双绞线。

#### 2．光纤端口

早期的光纤端口主要使用 SC 端口、GBIC 端口等，现在的网络设备一般配置 SFP 端口。如果交换机出厂时只提供了光端口空槽位，则用户还需要购买光模块，将光模块插到光端口插槽中才能使用该光纤端口。

交换机的光端口一般用于连接路由器或者交换机，其数量少于 RJ-45 端口，有的交换机不提供光端口，有的交换机提供 1 个或 2 个光端口，高端交换机提供的光端口多一些，尤其是核心交换机和汇聚交换机，一般可以根据用户的需求进行配置。

#### 3．Console 端口

Console 端口是专门用于对交换机进行管理和配置的端口。不同类型的交换机 Console 端口所处的位置并不相同，有的位于前面板，有的则位于后面板。在该端口的上方或侧方都会有"CONSOLE"字样的标识。

### 2.2.4　交换机的主要技术指标

交换机的主要技术指标有背板带宽、包转发率、MAC 地址数、VLAN 表项和最大堆叠数。

#### 1．背板带宽

交换机所有端口间的通信都需要通过背板来完成，交换机的背板带宽是指交换机接口处理器或接口卡和数据总线间所能吞吐的最大数据量，它是交换机的重要指标之一。背板带宽标志着交换机总的数据交换能力，单位为 bps，有时也称为交换带宽。不同厂家和不同型号交换机的背板带宽差异较大，有的只有十几兆比特每秒，有的可以达到几百兆比特每秒。一台交换机的背板带宽越高，其处理数据能力就越强，当然价格也越高。

全双工交换机的背板带宽计算公式如下：

$$背板带宽 = 端口数量×端口速率×2$$

如果背板带宽的计算值（上式）≤厂家标称的背板带宽值，那么就认为该交换机可以实现线速转发。

所谓线速转发，就是指数据能以端口的速率进行转发。如果百兆位的端口能以百兆比特每秒的速率转发，千兆位的端口能以千兆比特每秒的速率转发，则称该端口实现了线速转发。线速转发体现了交换机优异的转发性能。

**2．包转发率**

网络中的数据是由一个个数据包组成的，对每个数据包的处理都要消耗资源。包转发率（也称吞吐量）是指在不丢包的情况下，单位时间内转发的数据包数量，单位为 pps（package per second）。包转发率是交换机最重要的一个参数，标志着交换机的具体性能。如果包转发率太低，就会成为传输瓶颈。

包转发率是以单位时间内转发 64byte 小包的个数为基准计算的，以千兆位端口为例，64byte 的数据包，加上 8byte 的帧头和 12byte 的帧间隙的固定开销，实际包长为 84byte，单个千兆位端口的包转发率的计算方法如下：

$$1000000000bps/8bit/(64+8+12)byte = 1488095pps$$

一般认为，千兆位端口的包转发率为 1.488Mpps，万兆位端口的包转发率为 14.88Mpps，百兆位端口的包转发率为 0.1488Mpps。

例如，对于一台拥有 24 个千兆位端口的交换机而言，其满配置包转发率为（即整机包转发率）：24×1.488Mpps = 35.71Mpps。

如果交换机整机包转发率的计算值≤厂家标称的包转发率，则认为该交换机在三层上具有线速转发能力。

**3．MAC 地址数**

连接到网络上的每个端口或设备都需要一个 MAC 地址，交换机能够记住连接在端口上网络节点的 MAC 地址，但这个连接数量是有限的，MAC 地址数就是指交换机的 MAC 地址表中所能存储的 MAC 地址数量。交换机的 MAC 地址表的大小反映了该交换机能支持的最大节点数。不同类型的交换机，支持的 MAC 地址数量也不相同。

**4．VLAN 表项**

VLAN 是一个独立的广播域，可以有效地防止广播风暴。划分 VLAN 是交换机的重要特性，对 VLAN 的支持也是衡量交换机的重要参数，最大 VLAN 数量反映了一台交换机所能支持的最大 VLAN 数目。大多数交换机都具有 VLAN 划分的功能，VLAN 表项数目均在 1024 以上。

**5．最大堆叠数**

交换机的堆叠或者级联很容易实现网络的扩展，最大堆叠数是指可堆叠交换机的堆叠单元中所能堆叠的最大交换机数目。

## 2.2.5　二层交换机

根据工作的层次，交换机可分为二层交换机和三层交换机。二层交换机工作在 OSI/RM 开放体系模型的第二层——数据链路层。二层交换机通过数据链路层中的 MAC 地址实现不同端口间的数据交换，一般应用于局域网的接入层，用来连接用户的计算机。

## 2.2.6　三层交换机

在由二层交换机组建的网络中，所有用户处于同一个广播域，共享共同的 MAC 广播地址。当一台设备发送一个具有广播地址的 MAC 帧时，该帧将被二层交换机以广播的方式发送给该交换机连接的所有计算机。如果广播帧的数量太多，就会引发广播风暴，严重降低网络性能。这就是二层交换机的不足之处，只能隔离冲突域，而无法隔离广播域。

三层交换机工作在 OSI/RM 开放体系模型的第三层——网络层。三层交换机可以看成路由器和二层交换机的结合，它通常在数据链路层进行交换，仅在需要时（如 VLAN 间的通信）才在网络层进行路由。三层交换机利用网络层的数据包头部信息来增强二层交换机的功能，依据 IP 地址进行路径选择，实现不同网段间的数据交换。由于三层交换机的数据转发是基于硬件实现的，而路由表的维护、路由信息更新、路由计算及路由确定等功能由软件实现，所以三层交换机可以隔离广播域，具有很高的数据转发能力和良好的路由控制能力，能够实现不同 VLAN 主机间的高速路由，是大型网络组网的必选设备。

### 2.2.7　网管型交换机和非网管型交换机

根据交换机是否可以被管理员通过网络来进行管理和维护，可将交换机划分为网管型交换机和非网管型交换机。

网管型交换机是指支持 IP 地址管理、简单网络管理协议（SNMP）、基于 Web 的配置以及远程登录等多种管理方式的交换机。网管型交换机的主要特征是可通过管理端口划分 VLAN、设置 Trunk 端口、进行端口监视等。因此，网络管理人员可以在本地或远程实时监控该交换机的工作状态、网络运行状况，提高对整个网络的管理效率。

非网管型交换机不支持 SNMP 和 MIB，无法进行功能配置和管理。

可以从外观上区分网管型交换机和非网管型交换机，网管型交换机的正面或背面一般有一个串口或并口，通过串口电缆或并口电缆将计算机连接起来，进行配置。非网管型交换机没有该端口。

### 2.2.8　智能交换机

智能交换机相当于具有应用功能的服务器，有内置的操作系统，不仅可以通过 SNMP、基于 Web 的图形界面和 Telnet 远程终端进行管理和维护，还提供了服务质量（QoS）、组播业务、VPN 和用户认证等复杂的应用功能。借助于管理功能，智能交换机在实现各种交换任务的同时，还可以设置复杂的网络应用，控制用户访问交换机，保障网络安全，提高网络传输效率。

### 2.2.9　模块化和非模块化交换机

根据交换机是否具备扩展能力，可以将交换机分为模块化交换机和非模块化交换机。非模块化交换机的全部端口在出厂时都是固定的，用户不能再增加，也就不具备硬件上的扩展能力。模块化交换机可以根据用户的业务需求进行定制，这样的交换机在出厂时会预留扩展槽位，用户可以在后期使用过程中增加业务板，扩展交换机的业务能力。

图 2-4 所示是一款 28 端口的非模块化网管型二层交换机实物图，其中包括 24 个百兆电接口（简称电口），4 个千兆 SFP 光纤接口（简称光口）。

图 2-5 所示是一款模块化网管型的三层交换机实物图，该交换机目前只在两个槽位上插

了板卡，图中有尾纤的板卡是一块光纤板，全部提供 SFP 光口。该交换机预留了较多的槽位，今后可以继续扩展。

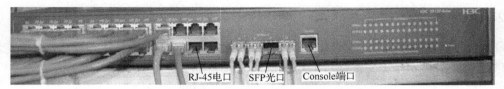

图 2-4　非模块化网管型二层交换机实物图

图 2-5　模块化网管型的三层交换机实物图

## 2.3　接口的概念

在介绍接口的概念之前，先了解一下什么是端口。从硬件层面上看，端口（Port）是用于互连网络设备的硬件接口，是路由器、交换机、ADSL Modem、集线器连接其他网络设备的接口，如 RJ-45 端口、SC 端口、Console 端口等。端口指物理意义上的接口。

在网络技术中，接口（Interface）大致有两种含义：一是物理接口，意味着该接口在网络设备上有对应的、实际存在的硬件接口。这种接口也就是端口，例如，f 0/1 既是接口又是端口。这里 0/1 表示槽位号/端口号。二是逻辑接口。该接口在网络设备上没有对应的、实际存在的硬件接口，需要通过配置建立连接的接口，逻辑接口可以与物理接口关联，也可以独立于物理接口而存在。逻辑接口可以增加数据的交换功能，主要包括子接口、Dialer（拨号）接口、Loopback 接口、Null 接口以及虚拟模板接口等。

### 1. 子接口

子接口是将一个物理接口通过协议和技术配置成多个逻辑接口，即建立一个物理接口与多个逻辑接口之间的关联，这些逻辑接口可公用物理接口的物理层参数，但也有各自的链路层和网络层参数配置。其典型应用是"单臂路由"，通过子接口的配置实现 VLAN 间的通信。例如，配置子接口 interface f0/0.1。

### 2．Dialer 接口

Dialer 接口即拨号接口，是为了配置 DCC（Dial Control Center，拨号控制中心）参数而设置的逻辑接口。设备上支持拨号的物理接口有同步串口和异步串口。

### 3．Loopback 接口

Loopback 接口是一种纯软件性质的虚拟接口。TCP/IP 协议规定，127.0.0.0 网段的地址属于回环地址。包含这类地址的接口属于回环接口。通常把回环地址当作管理地址，将 Loopback 接口地址设置为该设备产生的所有 IP 分组的源地址，因此可将 Loopback 地址作为设备的标志，用于简化报文过滤规则。

### 4．Null 接口

Null 接口是伪接口，不能配地址，也不能被封装，与 Loopback 接口不同，Null 接口更类似于一些操作系统中支持的空设备（null devices）。Null 接口虽然总是处于 up 状态，但任何送到该接口的网络数据报文都会被丢弃。Null 接口主要用于防止路由环路或用于过滤数据包。

### 5．虚拟模板接口

虚拟模板接口（Virtual-Template，VT）是用于配置一个虚拟访问接口（Virtual-Access，VA）的模板，主要应用于 VPN、MP 等环境。例如，VPN 会话连接建立后，通过虚拟模板接口创建一个虚拟访问接口与对端交换机通信。

## 2.4　路由器的基础配置

### 2.4.1　路由器的启动

路由器的启动过程分为以下四个步骤。

（1）路由器在加电后，首先会运行 ROM 中的 POST（Power On Self Test）硬件自检程序，检查各组件是否正常工作。

（2）POST 完成后，加载并运行 Bootstrap 程序，进行初步引导工作。Bootstrap 程序的主要任务是查找 IOS 并将其加载到 RAM 中。

（3）查找并加载 IOS。IOS 通常存储在闪存中，但也可能存储在其他位置，例如 TFTP（简单文件传输协议）服务器上。

（4）IOS 加载后，Bootstrap 程序会搜索 NVRAM 中的启动配置文件。若存在，则将该文件调入 RAM 中并逐条执行；否则，在 NVRAM 中找不到配置文件，路由器进入配置模式。

### 2.4.2　路由器的配置方式

对网络设备进行配置和管理，首先要能够访问它们，通常有以下几种方式可以登录连接到路由器或交换机上进行管理配置，如图 2-6 所示。

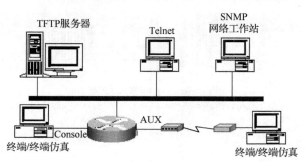

图 2-6　路由器的配置方式

（1）Console 端口连接计算机，运行超级终端软件进行配置管理。

（2）利用异步 AUX 端口连接，使用 Modem 进行远程管理。

（3）已架设在网络上的路由器和交换机，可通过网络上的计算机运行 Telnet 程序进行远程管理。

（4）TFTP 方式一般用于上传和备份配置文件、升级操作系统，该方式需要架设一台 TFTP 服务器（即运行 TFTP 服务器软件的计算机）。

（5）SNMP 是一种协议软件。它可以收集网络上的设备信息，创建设备信息库和网络拓扑图，管理员可以直观地访问和管理网络上的任何一台设备。该方式需要架设 SNMP 服务器。

其中最常使用的是（1）、（3）两种方式。由于 SNMP 软件不是路由器和交换机的必配软件，需要单独购买，因此方式（5）需要额外投资，在资金允许的情况下可以考虑。

路由器的第一次配置基本上都是通过 Console 端口来完成的，是一种比较简单和常用的配置方法。因此，本书中对路由器和交换机的初始配置都是通过 Console 端口实现的。

### 2.4.3　路由器初始配置

路由器的初始配置要通过 Console 端口完成。将随机附带的 Console 线的一端连接计算机的串口，另一端连接路由器的 Console 端口。运行 Windows 下的超级终端程序，如图 2-7 所示。在名称处任意输入一个名字，单击"确定"按钮后，弹出图 2-8 所示的对话框，选择使用的串口号，一般情况下就是 COM1，单击"确定"按钮，弹出图 2-9 所示的串口属性设置对话框，单击"还原为默认值"按钮， 再单击"确定"按钮，最后弹出工作窗口，如图 2-10 所示。

图 2-7　新建超级终端连接

图 2-8　选择超级终端端口

图 2-9　设置串口属性　　　　　　　　　　图 2-10　进入超级终端配置窗口

　　需要说明的是，Windows7 及以上版本的 Windows 系统已经不再自带超级终端程序了，因此需要用户自己下载并安装 XShell、MobaXterm、SecureCRT 等第三方终端软件来连接路由器和交换机。

　　**例 2.1**　在 Packet Tracer 6.0 软件环境中模拟 Console 配置过程。

　　（1）在 Packet Tracer 6.0 中添加一台计算机和一台路由器，连接线缆选用 Console 线，计算机一端使用 RS-232 端口，路由器一端使用 Console 端口，如图 2-11 所示。

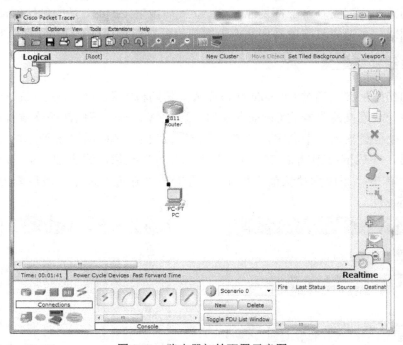

图 2-11　路由器初始配置示意图

　　（2）单击 PC 图标，再单击"Desktop"选项卡中的"Terminal"图标，弹出计算机的终端设置窗口，如图 2-12 所示。

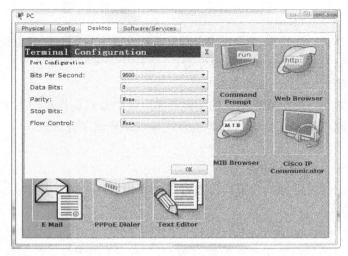

图 2-12　计算机终端设置窗口

（3）单击"OK"按钮，进入路由器，在控制台中对其进行配置，如图 2-13 所示。

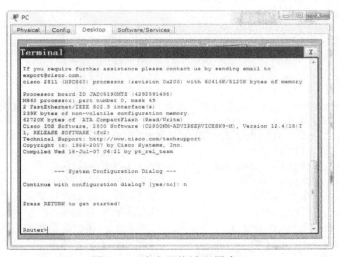

图 2-13　路由器终端配置窗口

## 2.4.4　路由器的基本配置命令

路由器和交换机的操作系统（如 Cisco 的 IOS 系统）为我们提供了命令接口，网络管理员对路由器和交换机的配置管理就是用 IOS 系统提供的命令编写配置文件（如.cfg 文件），因此对网络管理员来说，熟悉所使用设备的配置命令是一项很重要的工作。本节介绍一些路由器的基本配置命令，后面的章节还会介绍一些常用的命令。

### 1．路由器的配置模式

（1）用户模式——router>

这是路由器开机后进入的模式，在用户模式下，只能使用有限的命令，如查看路由器状态、访问其他网络和主机，不能查看和更改路由器的设置内容。

（2）特权模式——router#

相比用户执行模式，在特权模式下能提供更多的命令和权限，如查看配置文件、保存和复制配置文件、重启系统、debug 调试命令等。

（3）全局配置模式——router(config)#

在全局配置模式下，可配置路由器的全局参数，路由器和交换机的大多数命令都是在该模式下执行的，对路由器和交换机的配置主要就是在该模式下完成的。

（4）子模式

① 接口模式——router(config-if)#。

在接口模式下，可以对每一个接口参数特性进行设置，如配置 IP 地址、设置传输速率、加入 VLAN 等。

② 线路模式——router(config-line)# 。

线路模式对接口的线路状态进行配置。例如，line vty 用于设置远程登录。

③ 路由模式——router(config-router)# 。

在路由模式下，可进行路由协议的配置，可选的路由协议一般有 BGP、EGP、IGRP、OSPF、RIP 等动态路由和静态路由。

**2. 常用的模式转换命令**

```
Router>                                //用户模式
Router>enable                          //进入特权模式
Router#                                //特权模式状态
Router#configure terminal 可简写为(conf t)    //进入全局配置模式
Router(config)#                        //全局配置模式状态
Router(config)# interface f0/0         //进入接口配置模式
Router(config-if)#                     //接口配置模式状态
Router(config)#line console 0          //进入控制台线路接口模式
Router(config-line)#                   //在此可配置控制台参数
Router(config)#line vty 0 4            //进入 vty 线路接口模式
Router(config-line)#                   //在此配置 Telnet 参数
Router(config)#router rip              //进入 rip 路由配置模式
Router(config-router)#                 //在此配置 rip 路由
Router(config)#router ospf 进程号       //进入 ospf 路由配置模式
Router(config-router)#                 //在此配置 ospf 路由
Router(config-if)#exit                 //返回命令，exit 命令可逐级返回
```

**3. 显示命令**

```
Router#show history                    //显示历史命令
Router#show interface                  //显示接口信息
Router#show version                    //显示 IOS 版本及引导信息
Router#show arp                        //显示 arp 表信息
Router#show protocols                  //显示全局和接口的第三层协议状态
Router#show ip route                   //显示路由信息
Router#show cdp nei                    //显示邻居信息
Router#show running-configuration      //显示当前配置文件内容，存储在 DRAM 中
Router#show startup-config             //显示初始配置文件内容，存储在 NVRAM 中
Router#dir flash:                      //查看 IOS 文件和 flash 容量大小
Router#dir nvram:                      //查看 nvram 存储器的情况
```

#### 4．系统管理命令

```
Router(config)#hostname R1              //更改路由器的名称为 R1
Router # clock set 8:30:30 8 feb 2015   //设置路由器日期和时间
Router#reload 或者 Router#reboot        //重新启动路由器
```

#### 5．路由器端口（接口）配置基本命令

路由器的端口配置是路由器最基础的配置，包括端口 IP 地址配置、端口的打开或关闭、端口速率设置、端口工作模式设置（全双工、半双工）等。可以用"show running-configuration"命令查看出厂配置（默认路由器端口配置），结果如下所示，可以根据自己的实际情况进行修改：

```
interface FastEthernet0/0
 no ip address
 duplex half
 speed auto
 Shutdown
```

（1）端口 IP 地址配置

```
Router(config)#interface 接口              //进入接口配置模式
Router(config-if)#ip address IP 地址  子网掩码
```

其中，命令参数中的接口可以是路由器端口，如 f0/0，也可以是子接口，如 f0/1.1。

在给路由器接口配置 IP 地址时，要特别注意以下原则：

① 同一路由器不同接口的 IP 地址不能属于同一网段；

② 不同路由器之间相互连接的接口的 IP 地址必须属于同一网段。

（2）端口的打开或关闭

```
Router(config-if)#no shutdown      //打开接口，处于 up 状态
Router(config-if)#shutdown         //关闭接口，处于 shutdown 状态
```

Cisco 路由器的接口在默认情况下处于 shutdown 状态，必须用"no shutdown"命令开启端口才能进行通信，否则即使配置了地址也不起作用。其他厂家的路由器情况不尽相同，有些厂家的路由器默认接口是打开的，管理员要根据自己所使用的路由器的具体情况而定。

（3）接口速率设置

```
Router(config-if)#speed 100        //设置接口速率大小为 100Mbps
Router(config-if)#speed 1000       //设置接口速率大小为 1000Mbps
```

一般来说，同一厂家的设备相互连接时，不需要设置接口速率，双方会自动协商，也就是所谓的自适应。但是不同厂家的设备相互连接时，有时可能自动协商不成功，需要在连接的双方手工设置相同大小的速率。

需要注意的是，如果接口的标称速率（厂家说明）为 100Mbps，则可将该接口速率配置为 10Mbps、100Mbps 和 auto（自适应），但不能配置为 1000Mbps。

（4）接口工作模式设置

```
Router(config-if)# duplex full     //将接口设置为全双工模式
Router(config-if)# duplex half     //将接口设置为半双工模式
Router(config-if)# duplex auto     //双工模式为自动协商
```

现在的路由器接口一般都支持全双工模式。

#### 6. 密码设置

路由器和交换机等设备是网络能够运行服务的关键，对网络设备的保护是网络管理员的重要职责，因此对网络设备进行加密，防止人为破坏是必不可少的环节。如果给路由器和交换机设置了密码，则在进入路由器和交换机进行配置修改时必须输入正确的密码才行，从而达到保护的目的。Cisco 路由器和交换机提供了多种加密方法，常用的有以下几种。

（1）设置控制台密码

默认情况下，通过 Console 控制台方式进入路由器进行配置时不需要密码，为了安全起见，也可以给 Console 控制台连接设置密码。

```
Router(config)#line console 0          //进入控制台参数配置
Router(config-line)#password 123456    //设置控制台连接密码
Router(config-line)#login              //使密码生效
```

（2）设置特权模式密码

如果用户能够进入特权模式，就意味着拥有了修改配置的权限，所以为了安全起见，需要对网络设备配置特权模式密码，以防非法用户修改配置文件。

设置特权模式密码有两种方式，即明文方式（password 方式）和加密方式（secret 方式），如果以 password 方式设置密码，则设置的密码在配置文件中是以明文方式显示的，通过查看配置文件可以看到密码的字符。如果以 secret 方式设置密码，则密码在配置文件中是以加密方式显示的，用"show running-configuration"命令查看配置文件时，看到的是加密的结果，所以 secret 方式的安全性更高。如果同时用 password 方式和 secret 方式设置了密码，则用 password 方式设置的密码无效，起作用的是用 secret 方式设置的密码。

```
Router(config)#enable password 123456   //以明文方式设置密码
Router(config)#enable secret pkjhgf      //以加密方式设置密码
```

**例 2.2** 在 Packet Tracer 6.0 软件环境中配置特权模式密码。在拓扑区增加一台路由器和一台 PC，并用 Console 线连接它们（路由器一端选 Console 端口，PC 一端选 RS-232 端口），如图 2-14 所示。

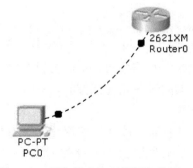

图 2-14   特权模式密码设置拓扑图

单击路由器图标，对路由器配置如下：

```
Router>enable
Router#configure terminal
Router(config)#line console 0
```

```
Router(config-line)#password 123456
Router(config-line)#login
Router(config-line)#exit
Router(config)#enable secret pkjhgf
```

在拓扑图中单击 PC 图标，在"Desktop"选项卡中单击"Terminal"图标，在弹出的终端配置对话框中直接单击"OK"按钮，就会以 Console 方式进入路由器的配置。

先用"logout"命令退出，按"回车"键再次进入。此时提示需要输入密码，这里应该输入控制台密码"123456"，进入用户模式。用"enable"命令进入特权模式时提示需要输入特权密码，这里输入刚才设置的密码"pkjhgf"，即可进入特权模式进行配置了。

（3）设置 Telnet 远程登录密码

如果网络管理员想通过远程登录的方式对设备进行管理，则需要配置远程登录密码，关于这一点将在后面专门介绍。

### 7．路由配置命令

路由功能是路由器的核心，路由配置主要有静态路由、RIP 动态路由、OSPF 动态路由等，这里只给出路由配置的简单形式，具体内容将在第 3 章详细介绍。

（1）配置静态路由

```
Router(config)#ip route 目的网络 子网掩码 下一跳地址（或连接端口）
```

（2）配置 RIP 动态路由

```
Router(config)#router rip
```

（3）配置 OSPF 动态路由

```
Router(config)#router ospf 进程号
```

### 8．网络调试命令

```
Router#telnet IP 地址              //登录远程主机
Router#ping IP 地址                //网络连通性测试
Router#trace IP 地址               //路由跟踪
```

### 9．文件操作命令

```
Router#copy running-config startup-config     //保存配置文件
Router#write                      //保存配置文件
Router#copy running-config tftp   //上传当前配置文件到 tftp 服务器
Router#copy startup-config tftp   //上传开机启动配置文件到 tftp 服务器
Router#copy tftp flash:           //从 tftp 服务器下载文件到 flash
Router#copy tftp startup-config   //从 tftp 服务器下载配置文件
Router#copy tftp running-config   //从 tftp 服务器下载配置文件
```

running-config 文件和 startup-config 文件的区别是：running-config 文件是当前正在运行的配置文件，startup-config 文件是开机启动时加载的配置文件，如果开机后没有对配置文件进行修改，则两个文件的内容是一样的。对配置文件进行了修改并且没有保存，则两个文件的内容是不一样的。对配置文件进行修改后，在确保无误的情况下一定要记得保存，否则关机重启后曾经修改的内容将丢失。

### 10．灵活使用帮助和"Tab"键

路由器和交换机提供了大量的命令，要记住所有的命令不是一件容易的事情，而路由器和交换机的操作系统提供了强大的帮助功能，无论处于任何状态和位置，都可以键入"？"得到系统的帮助。

（1）用"？"键查看全部命令

可以用"？"键查看当前模式下可以使用的全部命令，例如在特权模式下输入"？"，按"回车"键后就会显示特权模式可以使用的所有命令，并在命令后面有简短的说明，如图 2-15 所示。在全局配置模式和接口模式下，也可以用"？"键查看可用的命令。

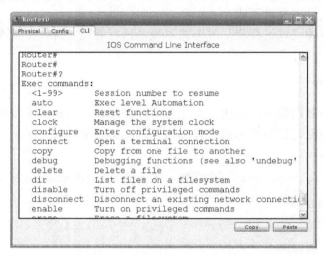

图 2-15　查看当前模式下的全部命令

（2）用"？"键查看命令参数

大多数命令都会带参数，有些命令的参数较多，要记住命令的全部参数不容易，在输入命令的过程中也可以使用"？"键查看该命令的参数，如图 2-16 所示。

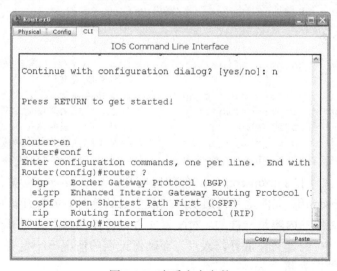

图 2-16　查看命令参数

（3）"Tab"键的使用

在输入命令的过程中，按"Tab"键，系统会自动补全命令单词。需要注意的是，它只能补全命令单词，不可能把整条命令补充完整。例如，想进入接口配置，在输入"inter"后按"Tab"键，系统会自动补全命令单词"interface"。

### 11．命令简写

路由器和交换机还提供了简写命令的手段以加快输入速度，例如，在进入接口配置时可以有以下简写形式：

```
Router(config)#interface fastEthernet 0/0
```

可以简写为：

```
Router(config)#inter f0/0
```

需要注意的是，简写命令时要保证单词的前缀不相同。

## 2.4.5　配置 Telnet 远程登录路由器

对于可配置管理的网络设备允许管理员通过远程登录的方式对设备进行远程配置。Cisco 路由器在默认情况下没有打开远程登录功能，需要手工打开 Telnet 后，管理员才可以在远程进行登录管理。打开 Cisco 路由器的 Telnet 功能很简单，其实就是给 vty 线路配置密码。命令格式如下：

```
Router(config)#line vty 0 4
Router(config-line)#password 123456      //设置 Telnet 登录密码
Router(config-line)#login                //允许密码检查
```

"password"命令用来设置登录时的密码，"login"命令使密码生效，如果没有"login"命令，则设置的密码无效，也就是说，管理员用 Telnet 远程登录时不需要密码，一般建议需要密码，否则网络设备不安全。

"line vty"命令用来设置 vty 参数，也就是设置 Telnet 参数，从而打开 Telnet 功能。Cisco 设备允许多个用户同时远程登录访问，vty 后面第一个数字的含义是第一条线路的编号，第二个数字的含义是最后一条线路的编号，line vty 0 4 表示允许 5 个用户同时登录 Telnet 路由器。管理员可以根据自己的需要进行设置。

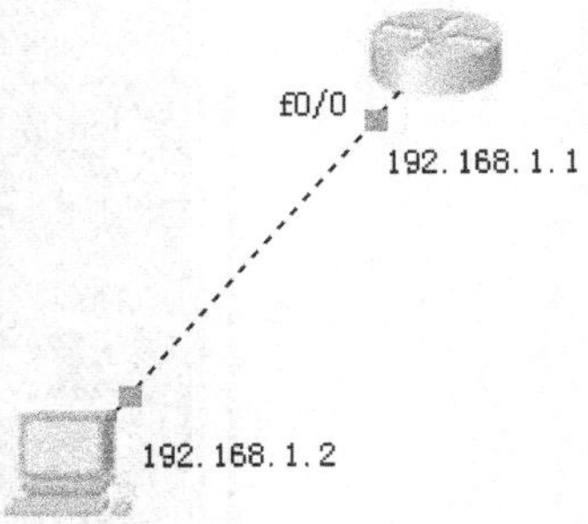

**例 2.3**　下面在 Packet Tracer 6.0 模拟环境下做一个 Telnet 远程登录路由器的示例，拓扑结构如图 2-17 所示。

f0/0

192.168.1.1

192.168.1.2

图 2-17　配置 Telnet 拓扑结构

路由器的配置代码如下：

```
Router#conf t
Router(config)#interface f0/0
Router(config-if)#ip address 192.168.1.1 255.255.255.0
Router(config-if)#no shutdown
Router(config-if)#exit
Router(config)#line vty 0 4
Router(config-line)#password 123456
Router(config-line)#login
Router(config-line)#exit
```

　　在拓扑图中单击 PC 图标，在"Desktop"选项卡中单击"IP Configuration"图标，在弹出的 IP 地址配置对话框中给 PC 配置 IP 地址，如图 2-18 所示。

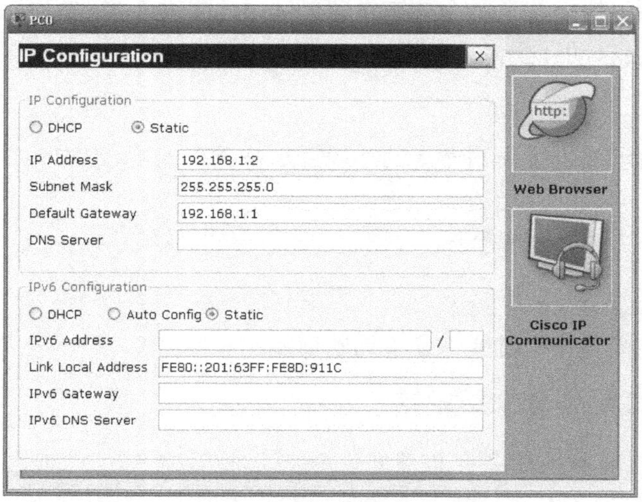

图 2-18　给 PC 配置 IP 地址

　　PC 的地址配置好后，关闭该对话框，再单击"Command Prompt"图标，弹出一个命令行窗口，在该窗口中输入命令"telnet 192.168.1.1"进行远程登录，如图 2-19 所示。在密码提示处输入刚才设置的密码（不会回显），并按"回车"键，就进入了路由器的用户模式。

图 2-19　远程登录窗口

　　在用户模式下输入"enable"命令准备进入特权模式进行配置，结果提示"No password set"，无法进入特权模式，原因是 Cisco 设备要求必须设置特权密码才允许以远程登录的方式进行配置，否则只能进入用户模式，在用户模式下可用的命令不多，不能做进一步的配置。因此需要对路由器配置特权密码，下面以设置明文密码为例给路由器配置特权密码：

```
Router(config)#enable password test          //配置明文特权密码，密码为 test
```

再回到图 2-19 所示窗口中，在"Router>"提示符下，输入"enable"命令就可进入特权模式，如图 2-20 所示。这样，Telnet 功能就实现了。

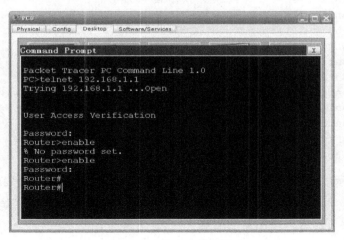

图 2-20　正确进入特权模式

### 2.4.6　配置路由器的管理地址

网络设备第一次通过 Console 方式配置好后，这些设备就会被架设到网络的规划位置处，多数情况下，这些网络设备可能会处于相隔较远的不同楼宇，在今后的维护管理中，如果每次都采用 Console 方式进行配置，管理员要带着笔记本电脑来回奔波，非常麻烦。事实上，所有厂家的网络设备只要支持可管理方式，都会提供远程管理功能。要对路由器实现远程管理，就需要给它配置管理地址，有以下两种方式。

#### 1. 使用路由器端口地址作为管理地址

给路由器配置管理地址最简单的方法就是直接使用路由器的端口地址，如果路由器有多个端口，则任何一个端口的地址都可以作为管理地址，只要该端口处于 up 状态即可。关于给路由器端口配置 IP 地址的方法，请参照前面所讲的内容。

#### 2. 使用 Loopback 接口地址作为管理地址

Loopback 是路由器中的一个逻辑接口，可以使用该接口作为路由器的管理地址，并且有以下优点：

给路由器配置管理地址的目的是为了远程管理，其中最简单和最常用的就是 Telnet。选择路由器的 Telnet 地址时必须要保证该接口永远也不会 down 掉，路由器的物理端口有时会由于故障而处于 down 状态，因此如果选择路由器的物理端口作为 Telnet 地址可能会不可靠，而 Loopback 接口一经创建就永远不会 down 掉，恰好满足此类要求。由于 Loopback 接口没有与对端互连互通的需求，所以 Loopback 接口的地址通常指定为 32 位掩码（255.255.255.255）。

例 2.4　使用路由器的 Loopback 接口作为管理地址。使用例 2.3 中的拓扑图（见图 2-17）的端口地址。路由器配置如下：

```
Router>en
Router#conf t
Router(config)#enable secret pkjhgf
Router(config)#inter f0/0
Router(config-if)#ip add 192.168.1.1 255.255.255.0
Router(config-if)#no shut
Router(config-if)#exit
Router(config)#inter loopback0
Router(config-if)#ip add 1.1.1.1 255.255.255.255
Router(config-if)#exit
Router(config)#line vty 0 4
Router(config-line)#password 123456
Router(config-line)#login
```

在图 2-17 所示的拓扑图中，依次单击 PC 图标，给 PC 配置地址 192.168.1.10、网关配置为 192.168.1.1，单击"Command Prompt"图标，在弹出的窗口中用"telnet 1.1.1.1"命令登录路由器，同样可以进入路由器的配置。

## 2.5　交换机的基础配置

交换机的基础配置与路由器基本相同，这里只介绍不同之处。有关交换机的更多内容将在第 4 章详细介绍。

### 2.5.1　三层交换机端口配置 IP 地址

Cisco 的三层交换机端口可以配置 IP 地址（二层交换机不可以），在配置 IP 地址之前需要使用"no switchport"命令打开端口的三层功能，否则无法配置 IP 地址。命令示例如下：

```
Switch(config)#inter f0/1
Switch(config-if)#no switchport
Switch(config-if)#ip add 192.168.10.1 255.255.255.0
```

### 2.5.2　配置管理地址

#### 1．二层交换机配置管理地址

在路由器中一般使用接口地址作为管理地址，由于二层交换机的端口不能配置 IP 地址，因此在二层交换机中一般使用 VLAN 作为管理地址，多数情况下会使用 VLAN 1 作为管理地址，当然也可以使用其他 VLAN。通常这样的 VLAN 称为网管 VLAN 或管理 VLAN，而分配给用户使用的 VLAN 称为用户 VLAN。

例 2.5　利用 VLAN 1 作为交换机的管理地址。在模拟软件的拓扑区增加一台交换机和一台 PC，并用连接线缆连接起来，连接交换机的一端使用 f0/1 端口。对交换机做如下配置：

```
Switch>en
Switch#conf t
Switch(config)#inter vlan 1
```

```
Switch(config-if)#ip add 172.16.1.254 255.255.255.0
Switch(config-if)#no shut
Switch(config-if)#exit
Switch(config)#enable password 123456
Switch(config)#line vty 0 4
Switch(config-line)#password pkjhgf
Switch(config-line)#login
```

给计算机配置 IP 地址 172.16.1.1，网关配置为 172.16.1.254。然后在 PC 的命令窗口中用 "telnet 172.16.1.254" 命令进行远程登录，输入正确的密码后可进入配置。

需要说明的是，在本例中给 PC 配置的是 VLAN 1 中的地址，但在实际的网络中是不会这样做的，多数情况下 VLAN 1 中的地址是供交换机使用的，而不是分配给用户使用的，这里仅仅是为了举例而已。

对于二层交换机来说，除了要给 VLAN 1 配置一个 IP 地址，还需要给这台二层交换机配置一个默认网关，否则不能实现跨网段管理。因为在大多数局域网中会用到多个网管 VLAN 和网管地址段，为了实现跨网段通信，这些网管地址段的路由都会在三层设备（二层交换机的上层）上实现。可以将二层交换机的网关设置为汇聚或核心层的三层设备上的网管地址，这样就可以实现跨网段的管理。

配置默认网关的命令格式如下：

```
Switch(config)#ip default-gateway 网关地址
```

#### 2．三层交换机配置管理地址

（1）使用物理端口地址作为管理地址

如果三层交换机的物理端口可以配置 IP 地址，则对于这样的三层交换机来说，就可以像路由器一样使用任何一个物理端口的地址作为该交换机的管理地址。但有些厂家的三层交换机端口不允许配置 IP 地址，这样的三层交换机就不能使用此方法。

（2）使用 Loopback 地址作为管理地址

三层交换机可以启用 Loopback 接口，因此对于三层交换机来说，也可以使用 Loopback 接口地址作为该交换机的管理地址。

（3）使用 VLAN 地址作为管理地址

与二层交换机一样，可以使用 VLAN 地址作为管理地址，一般都会使用 VLAN 1。

# 习题 2

2.1　简述目前使用的路由器主要有哪些端口类型。

2.2　简述路由器的主要技术指标。

2.3　简述交换机转发帧的工作方式。

2.4　简述三层交换机与路由器的异同点。

2.5　某交换机满配情况下有 4 个 10000Mbps 光口、16 个 1000Mbps 光口和 24 个 100Mbps 电口，该交换机的标称背板带宽和包转发率要达到多大才能实现线速转发？

2.6　简述网络技术中接口的概念。

2.7　简述路由器的各种配置模式。

2.8　简述路由器的远程配置过程。

2.9　简述配置路由器管理地址的方法。

2.10　什么是 Loopback 接口？使用 Loopback 接口有什么好处？

2.11　在 Cisco PT 模拟器中增加一台交换机和一台计算机，用 Console 线连接，在计算机上用 Console 方式登录交换机。

# 第3章 路 由 技 术

如何选择一条从源网络到目的网络的最佳路径，并在该路径上进行数据包的转发，是 Internet 中路由器的主要功能，通常将完成此项功能的协议称为路由选择协议，其核心是路由选择算法。路由选择算法就是路由选择的方法或策略，按照路由选择算法能否随着网络的拓扑结构或者通信量自适应地进行调整变化来分，路由选择算法可以分为静态路由选择算法和动态路由选择算法，其中动态路由选择算法是 Internet 中路由选择协议主要使用的路由选择算法。

Internet 的路由选择协议可以根据发现、计算最短路径的方式和作用范围进行分类，依据发现、计算最短路径方式可分为：距离向量路由协议（如 RIP）、链路状态路由协议（如 OSPF）和路径向量路由选择协议（如 BGP）；依据作用范围可分为：内部网关协议（IGP，具体的协议有 RIP 和 OSPF 等）和外部网关协议（EGP，目前使用最多的是 BGP）。

本章将介绍 Internet 的路由技术，包括静态路由、动态路由（RIP 路由、OSPF 路由、BGP 路由）的基本概念、原理，以及在 Packet Tracer 6.0 和 GNS3 模拟器下的相关实例设计与配置。

## 3.1  静态路由与默认路由

### 3.1.1  静态路由

#### 1. 静态路由简介

静态路由选择算法是一种非自适应路由选择算法，这是一种不测量、不利用网络状态信息，仅仅按照某种固定规律进行决策的简单的路由选择算法，依靠手工输入的信息来配置路由表。

使用静态路由的好处是网络保密性高。动态路由因为需要路由器之间频繁地交换各自的路由表，而对路由表的分析可以揭示网络的拓扑结构和网络地址等信息。静态路由信息在默认情况下是私有的，不会传递给其他的路由器。因此，安全性较高。

同时，静态路由不会占用路由器太多的 CPU 和 RAM 资源，也不占用线路的带宽，因为路由器之间不会交换路由和链路信息。但它同时存在以下缺点。

（1）互联网络的拓扑结构是动态变化的，通过手工改变各个路由器中的静态路由来适应不断变化的互联网络拓扑结构比较困难。

（2）大型互联网络中的路由器不仅很多，而且分布的物理区域很广泛，在每一个路由器上配置静态路由的工作量太大。

对于小型网络，其拓扑比较简单，一般也不存在线路冗余等因素，所以通常采用静态路由的方式来进行配置。但是大型网络的拓扑结构复杂，路由器数量大，线路冗余多，管理人员相对较少，要求管理效率要高，通常都会使用动态路由协议，适当地辅以静态路由。

### 2. 静态路由的配置

Cisco IOS 系统下的静态路由配置命令格式如下：

```
（1）ip route 目标网络 子网掩码 下一跳路由器 IP 地址或直连端口
（2）show ip route  //显示路由器的路由表
```

一个较大的网络中可能包含多个小网络（也可以称为网段），上述命令中的"目标网络"是与本路由器不直接相连的网络，与本路由器直接相连的网络称为直连网络，在设置静态路由时，直连网络不需要手工配置在路由表中。

例 3.1　静态路由配置示例（本示例在 Cisco PT 环境下实现）。网络结构拓扑图如图 3-1 所示，各路由器所使用的端口和端口的 IP 地址如标注所示，现在给三台路由器配置静态路由，保证网络连通。

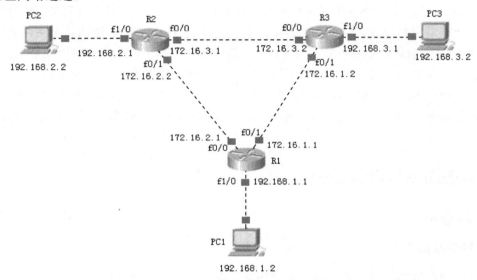

图 3-1　静态路由拓扑图

路由器 R1 的配置：

```
R1(config)# interface FastEthernet0/0
R1(config-if)# ip address 172.16.2.1 255.255.255.252
R1(config-if)#no shutdown
R1(config-if)#exit
R1(config)# interface FastEthernet0/1
R1(config-if)# ip address 172.16.1.1 255.255.255.252
R1(config-if)#no shutdown
R1(config-if)#exit
R1(config)# interface FastEthernet1/0
R1(config-if)# ip address 192.168.1.1 255.255.255.0
R1(config-if)#no shutdown
R1(config-if)#exit
R1(config)# ip route 192.168.3.0 255.255.255.0 172.16.1.2
```

```
R1(config)# ip route 192.168.2.0 255.255.255.0 172.16.2.2
R1(config)# ip route 172.16.3.0 255.255.255.252 172.16.1.2
```

在路由器 R1 的配置中，由于 172.16.1.0 网段、172.16.2.0 网段和 192.168.1.0 网段与 R1 直接相连，因此不需要配置在静态路由表中。而 192.168.2.0 网段、192.168.3.0 网段和 172.16.3.0 网段不与 R1 直接相连，因此这三个网段需要配置在静态路由表中。

从 R1 到网段 172.16.3.0 的下一跳在这里设定为 R3 的接口地址 172.16.1.2，如果设定为 R2 的接口地址 172.16.2.2 也是可以的。

另外，在本例中不相连网段的路径采用就近原则，例如，从 R1 到 192.168.2.0 网段是通过 R2 转发的，当然也可以先转发到 R3，由 R3 转发到 R2，再通过 R2 转发到目的地，这样的话转发路径会更长一些。

路由器 R2 的配置：

```
R2(config)# interface FastEthernet0/0
R2(config-if)# ip address 172.16.3.1 255.255.255.252
R2(config-if)#no shutdown
R2(config-if)#exit
R2(config)# interface FastEthernet0/1
R2(config-if)# ip address 172.16.2.2 255.255.255.252
R2(config-if)#no shutdown
R2(config-if)#exit
R2(config)# interface FastEthernet1/0
R2(config-if)# ip address 192.168.2.1 255.255.255.0
R2(config-if)#no shutdown
R2(config-if)#exit
R2(config)# ip route 192.168.1.0 255.255.255.0 172.16.2.1
R2(config)# ip route 192.168.3.0 255.255.255.0 172.16.3.2
R2(config)# ip route 172.16.1.0 255.255.255.252 172.16.2.1
```

路由器 R3 的配置：

```
R3(config)# interface FastEthernet0/0
R3(config-if)# ip address 172.16.3.2 255.255.255.252
R3(config-if)#no shutdown
R3(config-if)#exit
R3(config)# interface FastEthernet0/1
R3(config-if)# ip address 172.16.1.2 255.255.255.252
R3(config-if)#no shutdown
R3(config-if)#exit
R3(config)# interface FastEthernet1/0
R3(config-if)# ip address 192.168.3.1 255.255.255.0
R3(config-if)#no shutdown
R3(config-if)#exit
R3(config)# ip route 192.168.1.0 255.255.255.0 172.16.1.1
R3(config)# ip route 192.168.2.0 255.255.255.0 172.16.3.1
R3(config)# ip route 172.16.2.0 255.255.255.252 172.16.1.1
```

查看路由表，以 R1 为例：

```
R1#show ip route
```

显示结果如下：

```
Codes: C - connected, S - static, I - IGRP, R - RIP, M - mobile, B - BGP
       D - EIGRP, EX - EIGRP external, O - OSPF, IA - OSPF inter area
       N1 - OSPF NSSA external type 1, N2 - OSPF NSSA external type 2
       E1 - OSPF external type 1, E2 - OSPF external type 2, E - EGP
       i - IS-IS, L1 - IS-IS level-1, L2 - IS-IS level-2, ia - IS-IS inter area
       * - candidate default, U - per-user static route, o - ODR
       P - periodic downloaded static route

Gateway of last resort is not set

     172.16.0.0/30 is subnetted, 3 subnets
C       172.16.1.0 is directly connected, FastEthernet0/1
C       172.16.2.0 is directly connected, FastEthernet0/0
S       172.16.3.0 [1/0] via 172.16.1.2
C     192.168.1.0/24 is directly connected, FastEthernet1/0
S     192.168.2.0/24 [1/0] via 172.16.2.2
S     192.168.3.0/24 [1/0] via 172.16.1.2
```

在显示结果中，前半部分是对代码的解释，例如，“C”是直连网络，“S”是静态路由，“R”是 RIP 路由，“O”是 OSPF 路由等。在 R1 的路由表中共有 6 条路由，其中有 3 条直连路由，3 条静态路由。

直连路由条目的含义，以“C 172.16.1.0 is directly connected, FastEthernet0/1”为例，网络 172.16.1.0 是通过端口 FastEthernet0/1 直接相连的。

静态路由条目的含义，以“S 192.168.2.0/24 [1/0] via 172.16.2.2”为例，表示去往 192.168.2.0/24 这个网络的数据包通过网关 172.16.2.2 可以到达。“via”是“通过”的意思，后面的地址是去往目标网络的网关，[1/0] 中的数值分别是管理值和 metric 值，在 Cisco 的路由中静态路由的管理值是 1，其他厂商对静态路由的管理值的定义不尽相同。metric 值是路由的开销，主要由线路的时延、带宽等决定，由于静态路由不考虑这些因素，因此在静态路由中 metric 值为 0。

在 PC1 中对 PC3 执行“tracert”路由跟踪命令和“ping”命令，结果如图 3-2 所示。

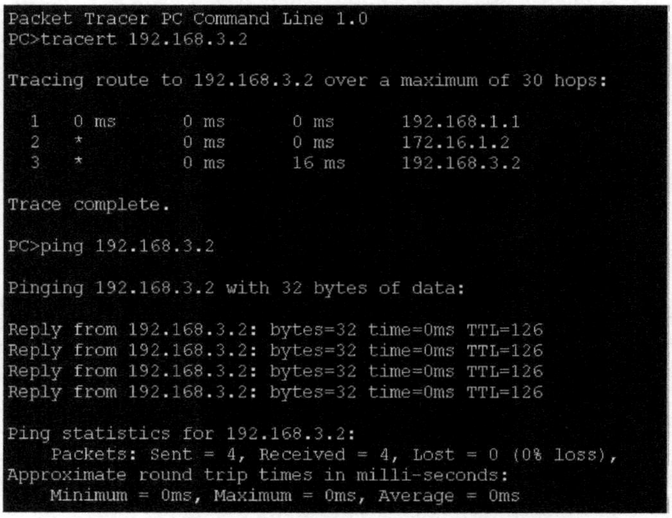

```
Packet Tracer PC Command Line 1.0
PC>tracert 192.168.3.2

Tracing route to 192.168.3.2 over a maximum of 30 hops:

  1   0 ms      0 ms      0 ms      192.168.1.1
  2   *         0 ms      0 ms      172.16.1.2
  3   *         0 ms     16 ms      192.168.3.2

Trace complete.

PC>ping 192.168.3.2

Pinging 192.168.3.2 with 32 bytes of data:

Reply from 192.168.3.2: bytes=32 time=0ms TTL=126
Reply from 192.168.3.2: bytes=32 time=0ms TTL=126
Reply from 192.168.3.2: bytes=32 time=0ms TTL=126
Reply from 192.168.3.2: bytes=32 time=0ms TTL=126

Ping statistics for 192.168.3.2:
    Packets: Sent = 4, Received = 4, Lost = 0 (0% loss),
Approximate round trip times in milli-seconds:
    Minimum = 0ms, Maximum = 0ms, Average = 0ms
```

图 3-2　静态路由 tracert、ping 结果

### 3.1.2 默认路由

#### 1. 默认路由简介

默认路由（Default Route），是一种特殊的静态路由，是对 IP 数据包中的目的地址找不到存在的路由表项时，路由器所选择的路由。目的地址不在路由器的路由表中的所有数据包都会使用默认路由。如果没有默认路由，那么目的地址在路由表中没有匹配表项的数据包将被丢弃。默认路由在某些时候非常有效，当存在末梢网络（也称为末端网络或存根网络，一般指只有一个出口的网络）时，默认路由会大大简化路由器的配置，减轻管理员的工作负担，提高网络性能。

路由器从收到的数据包中提取出目的地址，路由器首先检索路由表，如果路由表中存在与目的地址相匹配的路由条目，则把数据包按匹配路由条目指定的下一跳地址转发出去，否则，看有没有默认路由，如果有，则按默认路由转发数据包，否则就丢弃该数据包。

默认路由在局域网中有非常重要的应用，因为在局域网中路由器一般用来连接外网（比如与电信等通信运营商连接），如果使用静态路由的话，管理员就需要知道外网的全部网段，这几乎是一件不可能的事情，但如果在路由表中增加一条默认路由，就可以让局域网内的所有用户在访问外网时都走这条默认路由，从而用一条命令就可以解决问题，非常方便。

#### 2. 默认路由的配置

Cisco IOS 系统下的指定默认路由的命令格式为：

```
ip route 0.0.0.0 0.0.0.0 下一跳路由器 IP 地址或直连端口
```

其中，0.0.0.0 0.0.0.0 代表任意网络，这也就是称为"默认路由"的原因。

若用 ip route 0.0.0.0 0.0.0.0 配置多条默认路由，则流量会自动在多条链路上负载均衡。

**例 3.2** 默认路由配置示例（本示例在 Cisco PT 环境下实现）。在如图 3-3 所示的拓扑图中，路由器 R1 和 R2 之间采用默认路由连接。

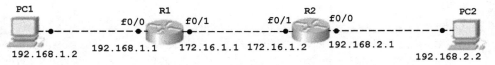

图 3-3 默认路由拓扑图

在图 3-3 所示的网络拓扑中，若 R1 与 R2 未进行路由设置，则 PC1 无法 ping 通 PC2，此时可以对 R1 进行如下配置：

```
R1(config)#interface f0/1
R1(config-if)#ip address 172.16.1.1 255.255.255.252
R1(config-if)#no shutdown
R1(config-if)#exit
R1(config)#interface f0/0
R1(config-if)#ip address 192.168.1.1 255.255.255.0
R1(config-if)#no shutdown
R1(config-if)#exit
R1(config)#ip route 0.0.0.0 0.0.0.0 172.16.1.2
```

查看 R1 路由表：

```
R1#show ip route
```

显示如下：

```
Codes: C - connected, S - static, I - IGRP, R - RIP, M - mobile, B - BGP
       D - EIGRP, EX - EIGRP external, O - OSPF, IA - OSPF inter area
       N1 - OSPF NSSA external type 1, N2 - OSPF NSSA external type 2
       E1 - OSPF external type 1, E2 - OSPF external type 2, E - EGP
       i - IS-IS, L1 - IS-IS level-1, L2 - IS-IS level-2, ia - IS-IS inter area
       * - candidate default, U - per-user static route, o - ODR
       P - periodic downloaded static route

Gateway of last resort is 172.16.1.2 to network 0.0.0.0

C    172.16.0.0/16 is directly connected, FastEthernet0/1
C    192.168.1.0/24 is directly connected, FastEthernet0/0
S*   0.0.0.0/0 [1/0] via 172.16.1.2
```

对 R2 进行如下配置：

```
R2(config)#interface f0/1
R2(config-if)#ip address 172.16.1.2 255.255.255.252
R2(config-if)#no shutdown
R2(config-if)#exit
R2(config)#interface f0/0
R2(config-if)#ip address 192.168.2.1 255.255.255.0
R2(config-if)#no shutdown
R2(config-if)#exit
R2(config)#ip route 0.0.0.0 0.0.0.0 172.16.1.1
```

查看 R2 路由表：

```
R2#show ip route
```

显示如下：

```
Codes: C - connected, S - static, I - IGRP, R - RIP, M - mobile, B - BGP
       D - EIGRP, EX - EIGRP external, O - OSPF, IA - OSPF inter area
       N1 - OSPF NSSA external type 1, N2 - OSPF NSSA external type 2
       E1 - OSPF external type 1, E2 - OSPF external type 2, E - EGP
       i - IS-IS, L1 - IS-IS level-1, L2 - IS-IS level-2, ia - IS-IS inter area
       * - candidate default, U - per-user static route, o - ODR
       P - periodic downloaded static route

Gateway of last resort is 172.16.1.1 to network 0.0.0.0

C    172.16.0.0/16 is directly connected, FastEthernet0/1
C    192.168.2.0/24 is directly connected, FastEthernet0/0
S*   0.0.0.0/0 [1/0] via 172.16.1.1
```

在 PC1 中对 PC2 执行 "tracert" 路由跟踪命令和 "ping" 命令，结果如下所示：

```
PC>tracert 192.168.2.2
Tracing route to 192.168.2.2 over a maximum of 30 hops:
```

```
 1   0 ms      0 ms      0 ms          192.168.1.1
 2   *         16 ms     0 ms          172.16.1.2
 3   *         0 ms      0 ms          192.168.2.2
Trace complete.
PC>ping 192.168.2.2
Pinging 192.168.2.2 with 32 bytes of data:
Reply from 192.168.2.2: bytes=32 time=0ms TTL=126
Reply from 192.168.2.2: bytes=32 time=0ms TTL=126
Reply from 192.168.2.2: bytes=32 time=0ms TTL=126
Reply from 192.168.2.2: bytes=32 time=0ms TTL=126
Ping statistics for 192.168.2.2:
    Packets: Sent = 4, Received = 4, Lost = 0 (0% loss),
Approximate round trip times in milli-seconds:
    Minimum = 0ms, Maximum = 0ms, Average = 0ms
```

## 3.2　RIP 路由

### 3.2.1　RIP 路由基础

路由信息协议（Routing Information Protocol，RIP）是内部网关协议中使用较为广泛的协议，它是一种分布式、基于距离向量的路由选择协议。

使用 RIP 的路由器通过配置接口 IP 地址和子网掩码自动生成直连路由项，这是 RIP 工作的基础。初始时，路由器的路由表中只包含直连路由项，随后通过相邻路由器之间不断交换路由消息，接收路由消息的路由器根据接收到的路由消息更新自己的路由表，逐渐建立用于指明通往和它没有直连的网络的传输路径的路由项，最终在所有路由器中建立通往所有网络的最短路径。

使用 RIP 的路由器每隔 30 秒与相邻路由器交换路由消息，所谓相邻路由器是指两个路由器存在连接在同一个网络的接口，交换的路由消息为路由器的所有路由表。当连接到同一个网络的路由器数量较多时，从某个接口发送出去的路由消息，必须以组播方式发送，以保证连接到同一网络的所有路由器都能接收到。由于互联网络是不断变化的，因此路由器中的路由表也是不断变化的，为了使所有路由器及时感知变化的互联网络，某个路由器一旦发现路由表中有路由项发生变化，立即向其相邻路由器公告这一变化。

在默认情况下，RIP 不考虑带宽、时延等因素，只考虑距离，距离就是通往目的站点所需经过的链路数，也称为跳数，跳数越小，路径越佳，RIP 将跳数最小的路径作为最佳路径。RIP 的跳数取值为 1～15，数值 16 表示无穷大，即路径不可达。

RIP 的优点是简单，没有复杂的配置选项。缺点主要有：①有最大跳数限制，因此只适合小型互联网络，不适合大型互联网络；②路由更新的收敛速度较慢，不适合变化剧烈的互联网络。

RIP 有两个版本：RIP1 和 RIP2。RIP1 不支持可变长掩码，因此在交换路由消息时，不能在更新报文中携带子网掩码。RIP2 支持可变长掩码、多点广播路由更新和路由更新认证等新功能。

### 3.2.2　RIP 路由配置

RIP 动态路由协议的配置主要包括基本配置和高级配置，Cisco IOS 系统下常用的 RIP 配置命令格式如下：

（1）router rip

启动 RIP 协议，开启 RIP 进程。

（2）version 1 或 2

配置 rip 的版本号，一般使用版本 2。

（3）network　网络地址

设置参与 RIP 协议的网络地址。在配置 RIP 路由时需要注意，network 后面的网络地址是指与本路由器直接连接的网络地址，这与静态路由完全不同。在静态路由中，路由表中的目标网络是与路由器不直接连接的网络，两者正好相反。

以上是 RIP 路由的基本配置命令。

（4）passive-interface　接口

指定被动接口，该接口将被抑制路由更新，即路由更新报文不再通过该路由器的接口。也就是说，一个端口被定义为 passive 类型，则该端口只能接收路由更新报文，但自己不能发送路由更新报文。

（5）distribute-list

指定有路由过滤功能的接口，在被指定的路由器接口上，既可以过滤其接收的路由更新信息，还可以过滤输出的路由更新信息，它常与"passive-interface"命令一起使用，这样被指定的接口既可以过滤接收的路由信息，也可阻止该路由器更新信息的输出，即禁止了该接口参加 RIP 进程。

一个端口如果被同时定义为 passive 类型和 distribute 类型，则该端口既不能发送路由更新报文，也不能接收路由更新报文。"distribute-list"命令一般要与一个访问控制列表联合使用，下面通过一个例子来说明其具体用法。

```
R1(config)#access-list 8 deny any        //定义一个标准的访问控制列表
R1(config)#router rip
R1(config-router)#version 2
R1(config-router)#passive-interface f0/0
R1(config-router)#distribute-list 8 in f0/0
```

这样，路由器 R1 的 f0/0 端口就不能收发 RIP 报文了。

（6）distance　管理距离值

配置或改变 RIP 的管理距离，它用来测量路由的可信度，该值越小则可信度越高。RIP 的管理距离默认值为 120，有效值范围为 1～255。

（7）neighbor　邻居路由器接口的 IP 地址

指定邻居路由器，这样，RIP 路由器在不允许发送广播包或是在网络技术不支持网络广播的特殊情况下，路由器仍可以单播的方式向该邻居路由器发送路由更新信息。

如果一个端口被定义为 passive 类型，同时与该端口连接的对端路由器的端口地址被定义为 neighbor，则该端口只能以单播的方式向该邻居路由器发送路由更新信息。这样可以减少网络中的广播报文，提高线路带宽的利用率。

（8）default-information originate

将默认路由引入到 RIP 进程中。

（9）redistribute

该命令实现不同路由协议的相互转换，也称为路由注入。例如，可以将 OSFP 路由注入到 RIP 路由中。如果某台路由器的一边运行的是 RIP 路由，另一边运行的是 OSPF 路由，则两边的网络协议是不同的，如果想要实现它们之间的通信，就需要在这台路由器上实现协议转换，"redistribute"命令的作用就在于此。

```
R1(config)#router rip
R1(config-router)#version 2
//注入进程号为 1 的 OSPF 内部路由
R1(config-router)#redistribute ospf 1 match internal
//注入进程号为 1 的 OSPF 外部路由
R1(config-router)#redistribute ospf 1 match external
//注入进程号为 1 的 OSPF 路由，跳数限定为 5
R1(config-router)#redistribute ospf 1 metric 5
```

**例 3.3** RIP 路由配置示例（本示例在 Cisco PT 环境下实现）。网络结构拓扑图如图 3-4 所示，路由器 R1、R2 和 R3 分别使用 RIP 路由。

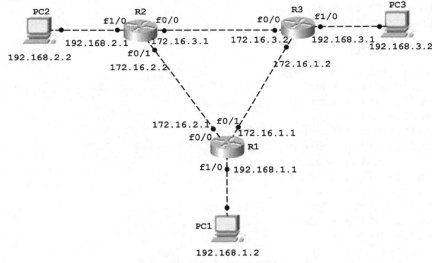

图 3-4　RIP 路由的网络结构拓扑图

对 R1 进行如下配置：

```
R1(config)#interface f0/0
R1(config-if)#ip address 172.16.2.1 255.255.255.252
R1(config-if)#no shutdown
R1(config-if)#exit
R1(config)#interface f0/1
R1(config-if)#ip address 172.16.1.1 255.255.255.252
R1(config-if)#no shutdown
```

```
R1(config-if)#exit
R1(config)#interface f1/0
R1(config-if)#ip address 192.168.1.1 255.255.255.0
R1(config-if)#no shutdown
R1(config-if)#exit
R1(config)#router rip
R1(config-router)#version 2
R1(config-router)#network 172.16.1.0
R1(config-router)#network 172.16.2.0
R1(config-router)#network 192.168.1.0
```

由于在配置 RIP 路由时，需要配置的是与它直接连接的网络，因此，在路由器 R1 的 RIP 配置中只要告诉 172.16.1.0、172.16.2.0 和 192.168.1.0 这三个网段就可以了。网络中的另外三个网段 192.168.2.0、192.168.3.0 和 172.16.3.0，由于它们与 R1 不直接相连，所以不需要配置。另外两台路由器 R2 和 R3 在配置时遵照的原则也是一样的。

另外，由于在配置 RIP 路由时，network 后面的网络地址不需要指定子网掩码，因此 RIP 路由会对相邻网段进行自动合并。在上述 R1 的配置中，路由器会将 172.16.1.0 网段和 172.16.2.0 网段合并成一个网段 172.16.0.0，因此用 "show running-config" 命令查看配置文件时，会得到以下的显示结果：

```
router rip
  version 2
  network 172.16.0.0
  network 192.168.1.0
```

对 R2 进行如下配置：

```
R2(config)#interface f0/0
R2(config-if)#ip address 172.16.3.1 255.255.255.252
R2(config-if)#no shutdown
R2(config-if)#exit
R2(config)#interface f0/1
R2(config-if)#ip address 172.16.2.2 255.255.255.252
R2(config-if)#no shutdown
R2(config-if)#exit
R2(config)#interface f1/0
R2(config-if)#ip address 192.168.2.1 255.255.255.0
R2(config-if)#no shutdown
R2(config-if)#exit
R2(config)#router rip
R2(config-router)#version 2
R2(config-router)#network 172.16.2.0
R2(config-router)#network 172.16.3.0
R2(config-router)#network 192.168.2.0
```

对 R3 进行如下配置：

```
R3(config)#interface f0/0
R3(config-if)#ip address 172.16.3.2 255.255.255.252
R3(config-if)#no shutdown
R2(config-if)#exit
R3(config)#interface f0/1
```

```
R3(config-if)#ip address 172.16.1.2 255.255.255.252
R3(config-if)#no shutdown
R2(config-if)#exit
R3(config)#interface f1/0
R3(config-if)#ip address 192.168.3.1 255.255.255.0
R3(config-if)#no shutdown
R2(config-if)#exit
R3(config)#router rip
R3(config-router)#version 2
R3(config-router)#network 172.16.1.0
R3(config-router)#network 172.16.3.0
R3(config-router)#network 192.168.3.0
```

以 R1 为例查看路由器的路由表信息：

```
R1#show ip route
```

显示结果如下：

```
Codes: C - connected, S - static, I - IGRP, R - RIP, M - mobile, B - BGP
       D - EIGRP, EX - EIGRP external, O - OSPF, IA - OSPF inter area
       N1 - OSPF NSSA external type 1, N2 - OSPF NSSA external type 2
       E1 - OSPF external type 1, E2 - OSPF external type 2, E - EGP
       i - IS-IS, L1 - IS-IS level-1, L2 - IS-IS level-2, ia - IS-IS inter area
       * - candidate default, U - per-user static route, o - ODR
       P - periodic downloaded static route

Gateway of last resort is not set

     172.16.0.0/30 is subnetted, 3 subnets
C       172.16.1.0 is directly connected, FastEthernet0/1
C       172.16.2.0 is directly connected, FastEthernet0/0
R       172.16.3.0 [120/1] via 172.16.1.2, 00:00:13, FastEthernet0/1
                   [120/1] via 172.16.2.2, 00:00:20, FastEthernet0/0
C     192.168.1.0/24 is directly connected, FastEthernet1/0
R     192.168.2.0/24 [120/1] via 172.16.2.2, 00:00:20, FastEthernet0/0
R     192.168.3.0/24 [120/1] via 172.16.1.2, 00:00:13, FastEthernet0/1
```

从显示结果可以看出，路由器 R1 中有 6 条路由，其中有 3 条直连路由和 3 条 RIP 路由。3 条直连路由是在给路由器配置端口地址时自动产生的，而 3 条 RIP 路由则是通过 RIP 协议算法动态生成的。

RIP 路由条目中[ ]内的第一个值是管理距离，RIP 的管理距离默认值是 120；第二个值是度量值，在 RIP 网络中度量值就是跳数，也就是到达目标网络所经过的路由器的数量。如在上述路由表中，从 R1 到达目标网络 192.168.2.0/24 只需要经过一台路由器 R2，因此度量值为 1。

从上述路由表中还可以看出，标记为"R"的路由条目有生成的时间。以到达目标网络 172.16.3.0 为例，00:00:13 时刻生成的路由是通过网关 172.16.1.2 转发的，而 00:00:20 生成的路由则是通过 172.16.2.2 网关转发的，这里充分体现了动态的含义。

# 3.3 OSPF 路由

## 3.3.1 OSPF 路由概述

开放式最短路径优先协议（Open Shortest Path First，OSPF）是内部网关协议中最流行、应用最广泛的路由协议，它是一种分层的、基于链路状态的路由选择协议，克服了 RIP 协议和其他基于距离向量的路由选择协议的缺点。

使用 OSPF 的路由器开始工作时，路由器先通过问候分组（hello 分组）获取相邻路由器的工作状态及所需"度量"，构建链路状态通告（Link State Advertisement，LSA），通过可靠的洪泛法将自身链路状态通告给全网络中的所有路由器，因此各路由器只要将这些链路状态信息综合起来就可以得出全网的链路状态数据库。但这样做开销太大，因此 OSPF 让每个路由器用数据库描述分组和相邻路由器交换本数据库中已有的链路状态摘要信息。摘要信息主要就是指出有哪些路由器的链路状态信息已经写入了数据库。经过与相邻路由器交换数据库描述分组后，路由器就使用链路状态请求分组，向对方请求发送自己所缺少的某些链路状态项目的详细信息。通过一系列的这种分组交换，全网同步的链路状态数据库就建立了，该数据库精确描述了全网的网络拓扑结构，每个路由器根据链路状态数据库，以自身为根，使用 Dijkstra 算法计算出到达每一网络的最短路径，构建路由表。

使用 OSPF 的路由器每 30 分钟要刷新一次数据库中的链路状态，以确保链路状态数据库与全网的状态保持一致。当网络发生变化，链路状态发生变化的路由器就要使用可靠的洪泛法向全网通告链路状态更新分组，以确保全网路由器及时更新链路状态数据库。

OSPF 允许在自治系统内部进行层次结构的区域划分，每个区域都有自己特定的标识号，即区域 ID，它是一个 32 位的无符号数值，范围是 0～4294967295，其中区域 ID 为 0 时表示的是主干区域，其他非主干区域必须与主干区域相连接，每个区域中的路由器数不超过 200 个。每个区域内部的路由器只需要知道本区域的链路状态，主干区域中的区域边界路由器负责区域信息的收发。采用分层次划分区域的方法虽然使得交换信息的种类增多了，同时也使 OSPF 协议更加复杂了，但这样却能大大减少每个区域内部交换链路状态的通信量，因而使 OSPF 协议能够用于规模很大的自治系统。

OSPF 不再采用跳数的概念，而是根据链路的费用、距离、带宽、吞吐率、拥塞状况、往返时间、可靠性等作为"度量"，进行路由选择。在选择出最短、最优路由的同时允许保持到达同一目标地址的多条路由。这样有利于平衡网络负载。

OSPF 有三个版本：OSPFv1、OSPFv2、OSPFv3。OSPFv2、OSPFv3 已成为 Internet 标准协议，OSPFv2（RFC2328）适用于 IPv4，OSPFv3（RFC5340）适用于 IPv6。

### 3.3.2　OSPF 协议工作原理

OSPF 始终都是围绕着邻接表、拓扑表和路由表这三张表来进行工作的，其中的拓扑表就是链路状态数据库。当路由器开启 OSPF 进程后，路由器之间就会相互发送 hello 报文，hello 报文中包含一些路由器和链路的相关信息，发送 hello 报文的目的是为了形成邻居关系，然后，路由器之间就会发送链路状态通告（LSA），LSA 告诉自己的邻居路由器和自己相连的链路的状态，最后形成链路状态数据库（LSDB），也就是网络的拓扑表。形成拓扑表之后，再经过 SPF 算法，最后形成路由表。形成路由表后，路由器就可以根据路由表来转发数据包了。

## 1. OSPF 的报文类型

（1）hello 报文

路由器周期性（默认为 10 秒）地向邻居路由器的接口发送 hello 报文，用来建立和维护相邻路由器之间的邻居关系。

（2）LSA（Link State Advertisement，链路状态通告）

LSA 包括自己的 RID、邻居的 RID、本路由器到这条链路的带宽、邻居路由器到这条链路的带宽、路由条目、掩码等信息。OSPF 就是依靠 LSA 来维护全网的路由。

（3）DBD（DataBase Description，数据库描述）报文

DBD 报文是用来描述本地路由器的链路状态数据库（LSDB），在两个 OSPF 路由器初始化连接时要交换 DBD 报文，进行数据库的同步。

（4）LSR（LinkState Request，链路状态请求）报文

LSR 报文用于请求相邻路由器链路状态数据库中的一部分数据。当两台路由器互相交换完 DBD 报文后，知道对端路由器有哪些 LSA 是自己的 LSDB 中所没有的，以及哪些 LSA 是已经失效的，则需要发送一个 LSR 报文，向对方请求所需的 LSA。

（5）LSU（LinkState Update，链路状态更新）报文

LSU 报文是对 LSR 报文请求的响应，向对方发送其所需要的 LSA。

（6）LSAck（LinkState Acknowledgment，链路状态应答）报文

LSAck 报文是路由器在收到对端发来的 LSU 报文后所发出的确认应答报文。

## 2. OSPF 的邻居（Neighbors）关系和邻接（Adjacency）关系

如果两台路由器有一条链路相连，且两端连接的接口处于同一网段，则这两台路由器可以成为邻居。邻居是通过路由器之间相互发送 hello 报文来实现的，路由器会在启用 OSPF 协议的接口上同期性（默认间隔为 10 秒）地发送 hello 报文，路由器一旦在其相邻路由器的 hello 报文中发现了它们自己，则它们就成为邻居关系。

成为邻居关系的路由器之间不能发送 LSA，也就不能实现 LSDB 的同步，如果两台路由器之间需要同步 LSDB，那么它们之间需要建立邻接关系。由于 LSA 只能在具有邻接关系的路由器之间传递，因此如果两个路由器之间建立了邻接关系，那么它们的 LSDB 一定是同步的，也就是说它们之间具有相同的 LSDB。

## 3. 邻居关系的建立

下面以两台路由器 R1 和 R2 为例，讨论它们之间邻居关系的建立过程。

（1）路由器初始状态处于 down 状态，表明还没有发现任何邻居。

（2）R1 向 R2 发送一个 hello 报文。R2 收到 R1 发送来的 hello 报文后，获得 R1 的 RID（Router ID，路由器标识），然后将 R1 的 RID 填写到自己将要发送的 hello 报文的 neighbor 字段中，并将该 hello 报文发送给 R1。

（3）R1 收到这个 hello 包后，会在这个 hello 包中找到自己的 RID，同时也会检索到 R2 的 RID。那么 R1 会认为，自己与 R2 已经完成了双边关系的建立，因此 R1 会将 R2 的邻居状态置为 2-way 状态。

（4）R1 再给 R2 发送一个 hello 报文，并将 R2 的 RID 置于 hello 报文中，在 R2 收到这个 hello 报文并发现了自己的 RID 后，R2 也会认为自己与 R1 已经建立了双边关系，R2 就会将 R1 的状态置为 2-way 状态。

至此，R1 和 R2 之间的邻居关系就建立起来了。虽然接下来 R1 和 R2 双方还会定期相互发送 hello 报文，但其目的只是确认对方的存在和状态。

### 4. 指定路由器 DR 和备份指定路由器 BDR

在 OSPF 协议中，保持链路状态数据库（LSDB）同步的 LSA 报文是在建立了邻接关系的路由器接口之间传递的，也就是说，要保持 LSDB 的同步，必须建立邻接关系。如果一个网段中有 n 台路由器，则在该网段中就会建立起 $n×(n–1)/2$ 条的邻接关系，这样在传送 LSA 的过程中需要占用一定的网络带宽。

为了解决这一问题，OSPF 采用了一个特殊的机制，即在同一网段中选举一台指定路由器（DR），使网段中的其他路由器都和它建立邻接关系，而其他路由器彼此之间不用建立邻接关系。这样，在一个网段中只需要建立 $n–1$ 条邻接关系就可以了。备份指定路由器（BDR）是指定路由器 DR 在网络中的备份路由器，它会在 DR 失效（关机或出现故障）后自动接替 DR 的工作。

假设网段中有 5 台路由器 R1~R5，其中 R1 和 R2 分别被选举为 DR 和 BDR，网段中的其他路由器，例如 R3，只需要在 DR 之间两者交换 LSA，而不需要 R3 和 R4 之间交换 LSA。同样，R4 和 R5 也只需要与 DR 之间交换 LSA 即可，最终形成统一的 LSDB。也就是说，在同一个网段中 LSDB 的同步与更新是由 DR 来转发完成的。

### 5. DR 和 BDR 的选举

在选举 DR/BDR 的时候要比较各路由器端口的优先级（priority），优先级最高的为 DR，次高的为 BDR。可以用如下命令修改端口的优先级：

```
Router(config-if)#ip ospf priority 0-255
```

如果使用端口的默认优先级，则都为 1。在优先级相同的情况下比较 Router-ID，RID 最高者为 DR，次高者为 BDR。若端口的优先级设为 0 时，则该路由器不能成为 DR/BDR。

Router-ID 可以通过以下命令手工指定：

```
Router(config)#router ospf 1
Router(config-router)#router-id 1.1.1.1
```

如果没有手工指定 Router-ID 的话，那么路由器会先看自己有没有环回接口（Loopback），如果有，则使用环回接口上的 IP 地址作为自己的 Router-ID。如果没有，则比较自己所有物理接口上的 IP 地址，并从中选择最大的一个 IP 地址作为自己的 Router-ID 来参与 DR 的选举。

所有的 OSPF 路由器交换自己的 Router-ID，在所有路由器中 Router-ID 值最大的路由器将作为 DR，具有次大 Router-ID 的路由器则成为 BDR。

需要注意的是，DR 和 BDR 的选举不是针对区域进行的，而是针对一个网段进行的，如果一个区域有多个网段，那么就会有多个 DR 和 BDR，每个网段都会有一个 DR 和 BDR。

点到点网络、广播型网络和非广播多路访问 NBMA 网络（如 X.25，帧中继等）都会选举 DR 和 BDR。虽然在常见的局域网络中很少有这样的网络结构，但考虑到互联网的复杂性，令牌环、FDDI、X.25 和帧中继这样的网络在一定范围内还是存在的，因此，讨论 DR/BDR 的选举还是有一定的意义。

另外，按照 OSPF 的规则，率先运行 OSPF 进程的路由器被选举为 DR 的可能性最大，新加入的路由器即使 RID 比已选举为 DR 的 RID 高，也不会替换 DR。因此，在有些时候 DR 并非 RID 最高的路由器。

### 6．OSPF 邻接关系的建立

在 OSPF 协议中，为了提高 LSDB 的更新效率，一台路由器只会向其邻接路由器请求自己所没有的 LSA，如果某条 LSA 在自己的 LSDB 中已经存在，那么就不再需要向对方请求了，因此双方首先需要确认对端数据库中哪些 LSA 是自己所没有的。使用的方法是先发送一个 DBD 报文，该 DBD 报文中包含了对本地数据库中 LSA 的摘要描述（摘要就是 LSA 的头部，可以唯一标识一条 LSA）。在 DBD 报文的发送过程中需要确定双方的 Master/Slave 关系。作为 Master 的一方有权定义发送序列号 seq，每发送一个新的 DBD 报文将 seq 加 1。作为 Slave 的一方，每次在发送 DBD 报文时将上一次从 Master 接收的 DBD 报文中的 seq 作为自己序列号。

下面以两台路由器 R1 和 R2 为例，来说明在双方建立了邻居关系的基础上，如何建立邻接关系。如图 3-5 所示，R1 的 RID = 1.1.1.1，R2 的 RID = 3.3.3.3。

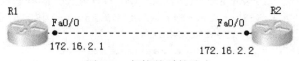

图 3-5　邻接关系的建立

当双方达到 2-WAY 状态时，表明 R1 和 R2 已是邻居关系，在此基础上建立邻接关系：

```
2-Way Communication to 172.16.2.2 on FastEthernet0/0, state 2-WAY
```

（1）R1 首先发送一个 DBD 报文，该报文中并不包含 LSA 的摘要信息，只是用于与对方协商主从关系。

```
Send DBD to 3.3.3.3 on FastEthernet0/0 seq 0xB89 opt 0x52 flag 0x7 len 32
```

其中 flag 是一个三位的标志，第 1 位是 I 位，如果为 1，则表示是第一个 DBD 报文；第 2 位为 M 位，如果 M = 1，则表示后面还有 DBD 要发送；第 3 位是 MS 位，表示主、从关系，如果 MS = 1，则表示发送者是 Master。这里 flag = 0x7，相应的二进制数为 111，表示这是第一个 DBD 报文，后续还有 DBD 要发送，自己是 Master，也就是说，R1 首先自己认为是 Master。在该报文中 R1 规定了一个序列号为 seq = 0xB89。

（2）R2 在收到 R1 的 DBD 报文后，将 R1 的邻居状态改为 Exstart，并且回应一个 DBD 报文。由于 R2 的 Router ID 较大，所以在报文中 R2 认为自己才是 Master，并且重新规定了序列号为 seq = 0x107E。

```
Rcv DBD from 3.3.3.3 on FastEthernet0/0 seq 0x107E opt 0x52 flag 0x7 len
    32  mtu 1500 state EXSTART
```

（3）接下来开始选举 DR 和 DBR。

```
DR/BDR election on FastEthernet0/0
Elect BDR 1.1.1.1
Elect DR 3.3.3.3
    DR: 3.3.3.3 (Id)    BDR: 1.1.1.1 (Id)
```

由于路由器 R2 的 RID 比 R1 的大，所以选举的结果是 R2 成为 DR，R1 成为 BDR。

（4）R1 收到报文后，同意 R2 为 Master，自己为 Slave，并将 R2 的邻居状态改为 Exchange。R1 使用 R2 的序列号 0x107E 来发送新的 DBD 报文，该报文开始正式传送 LSA 的摘要。在报文中 flag = 0x2，相应的二进制数为 010，MS = 0，说明自己是 Slave。

```
NBR Negotiation Done. We are the SLAVE
Rcv DBD from 3.3.3.3 on FastEthernet0/0 seq 0x107E opt 0x52 flag 0x7 len
    32  mtu 1500 state EXCHANGE
Send DBD to 3.3.3.3 on FastEthernet0/0 seq 0x107E opt 0x52 flag 0x2 len 52
```

（5）R2 收到报文后，将 R1 的邻居状态改为 Exchange，并发送新的 DBD 报文来描述自己的 LSA 摘要，此时 R2 已将报文的序列号改为 seq = 0x107F，即原序列号加 1。

```
Rcv DBD from 3.3.3.3 on FastEthernet0/0 seq 0x107F opt 0x52 flag 0x3 len
    52  mtu 1500 state EXCHANGE
```

（6）上述过程重复进行，当 R2 发送最后一个 DBD 报文时，flag = 0x1，相应的二进制数为 001，即 M = 0，表示这是最后一个 DBD 报文。

```
Send DBD to 3.3.3.3 on FastEthernet0/0 seq 0x107F opt 0x52 flag 0x0 len 32
Rcv DBD from 3.3.3.3 on FastEthernet0/0 seq 0x1080 opt 0x52 flag 0x1 len
    32  mtu 1500 state EXCHANGE
Exchange Done with 3.3.3.3 on FastEthernet0/0
```

（7）R1 发送 LS Request 报文向 R2 请求所需要的 LSA。R2 用 LS Update 报文来回应 R1 的请求。R1 收到 R2 的 LS Update 报文后，用 LS Ack 报文来确认。当 R1 与 R2 两边的 LSDB 完全同步以后，上述过程就结束了，此时 R1 将 R2 的邻居状态机改为 Full 状态。

```
Send LS REQ to 3.3.3.3 length 12 LSA count 1
Send DBD to 3.3.3.3 on FastEthernet0/0 seq 0x1080 opt 0x52 flag 0x0 len 32
Rcv LS REQ from 3.3.3.3 on FastEthernet0/0 length 36 LSA count 1
Send UPD to 172.16.2.2 on FastEthernet0/0 length 64 LSA count 1
Rcv LS UPD from 3.3.3.3 on FastEthernet0/0 length 100 LSA count 1
Synchronized with 3.3.3.3 on FastEthernet0/0, state FULL
%OSPF-5-ADJCHG: Process 1, Nbr 3.3.3.3 on FastEthernet0/0 from LOADING
    to FULL, Loading Done
```

至此，R1 与 R2 之间的邻接关系就建立起来了。

例 3.4　OSPF 进程中 DR/BDR 的选举示例。网络拓扑图如图 3-6 所示。

拓扑图中 SW1 是一台以太网交换机，路由器 R1 的 f0/0 端口地址为 172.16.1.1，R2 的 f0/0 端口地址为 172.16.1.2，R3 的 f0/0 端口地址为 172.16.1.3，R4 的 f0/0 端口地址为 172.16.1.4，该网络是一个广播型的网络，所有路由器的端口地址都在同一网段。R1 的 RID 为 1.1.1.1，R2 的 RID 为 2.2.2.2，R3 的 RID 为 3.3.3.3，R4 的 RID 为 4.4.4.4。

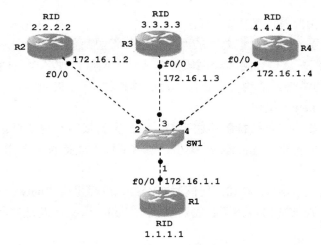

图 3-6　DR/BDR 选举示例

在 DR/BDR 的选举过程中，与路由器的 OSPF 进程启动顺序有关，如果 4 台路由器同时启动，因为 R4 的 Router-ID 最大，所以选举的 DR 是 R4，BDR 是 R3，如下所示：

```
R1#sh ip ospf neighbor
Neighbor ID Pri   State        Dead Time   Address        Interface
2.2.2.2      1    2WAY/DROTHER  00:00:34   172.16.1.2     FastEthernet0/0
3.3.3.3      1    FULL/BDR      00:00:35   172.16.1.3     FastEthernet0/0
4.4.4.4      1    FULL/DR       00:00:37   172.16.1.4     FastEthernet0/0
```

如果路由器的启动顺序改为 R2→R3→R4→R1，则选举出的 DR 和 BDR 会发生改变，如下所示：

```
R1#sh ip ospf neighbor
Neighbor ID Pri   State        Dead Time   Address        Interface
2.2.2.2      1    FULL/DR       00:00:39   172.16.1.2     FastEthernet0/0
3.3.3.3      1    FULL/BDR      00:00:38   172.16.1.3     FastEthernet0/0
4.4.4.4      1    2WAY/DROTHER  00:00:32   172.16.1.4     FastEthernet0/0
```

由此可见，DR 和 BDR 的选举与路由器 OSPF 进程的启动顺序有关，RID 值大的路由器并不一定能成为 DR。

### 3.3.3　OSPF 路由配置

#### 1．配置命令

OSPF 动态路由协议的配置主要包括基本配置和复杂的可选项配置，Cisco IOS 系统下常用 OSPF 配置命令格式如下。

（1）router ospf　进程号

启动 OSPF 进程，其中进程号的范围是 1～65535。

（2）network　网络地址　反向掩码　area　区域号

定义网络地址或单个 IP 地址参与 OSPF 进程。如果其中的"网络地址"是单个 IP 地址，则后面的反向掩码为 0.0.0.0，例如：

```
network 192.168.10.5 0.0.0.0 area 0
```

以上是 OSPF 路由配置的基本命令。

（3）area　区域号　range　汇总后的网络地址　汇总后的掩码

OSPF 域间路由汇总。可以将多个网段汇总成一个网段，使多个路由条目汇总成一个条目，从而减少 LSA 的洪泛，节约带宽资源和减轻路由器 CPU 的负载。

（4）passive-interface　接口

指定被动接口，该接口将被抑制路由更新，路由更新报文不再通过该路由器的接口。也就是说，如果一个端口被定义为 passive 类型，则该端口不能接收和发送 hello 报文，也就不能形成邻居关系。

端口如果被定义为 passive 模式，但同时在 OSPF 进程里用"network"命令宣告了这个端口所关联的网段，则该端口虽然不会发送和接收 hello 报文，但是它所在的网段在 OSPF 进程里是有效的。

（5）distribute-list　访问控制列表编号　in　接口

在指定接口上应用访问控制列表定义的规则，可以禁止本地路由器学习指定接口传递过来的 LSA，但不能影响其他路由器学习 LSA。

（6）distance　管理距离值

配置或改变 OSPF 的管理距离，它用来测量路由的可信度，该值越小，则可信度越高，OSPF 的管理距离默认值为 110，有效值范围为 1～255。

（7）redistribute rip subnets metric　度量值

将 RIP 路由引入到 OSPF 进程中，其中的"metric 度量值"可以省略，默认的 metric 值为 20。

（8）default-information originate

将默认路由引入到 OSPF 中。

### 2．单区域 OSPF 配置示例

例 3.5　单区域 OSPF 路由配置示例（本示例在 Cisco PT 环境下实现）。网络结构拓扑图如图 3-7 所示，路由器 R1、R2 和 R3 分别使用 OSPF 路由。

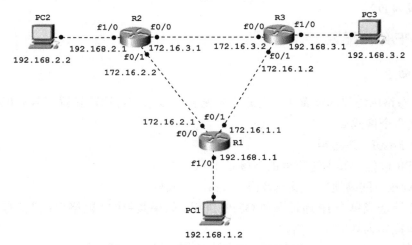

图 3-7　单区域 OSPF 路由示例拓扑图

对 R1 配置如下：

```
R1(config)#interface FastEthernet0/0
R1(config-if)#ip address 172.16.2.1 255.255.255.252
R1(config-if)#no shutdown
R1(config-if)#exit
R1(config)#interface FastEthernet0/1
R1(config-if)#ip address 172.16.1.1 255.255.255.252
R1(config-if)#no shutdown
R1(config-if)#exit
R1(config)#interface FastEthernet1/0
R1(config-if)#ip address 192.168.1.1 255.255.255.0
R1(config-if)#no shutdown
R1(config-if)#exit
R1(config)#router ospf 1
R1(config-router)#network 172.16.1.0 0.0.0.3 area 0
R1(config-router)#network 172.16.2.0 0.0.0.3 area 0
R1(config-router)#network 192.168.1.0 0.0.0.255 area 0
```

对 R2 配置如下：

```
R2(config)#interface FastEthernet0/0
R2(config-if)#ip address 172.16.3.1 255.255.255.252
R2(config-if)#no shutdown
R2(config-if)#exit
R2(config)#interface FastEthernet0/1
R2(config-if)#ip address 172.16.2.2 255.255.255.252
R2(config-if)#no shutdown
R2(config-if)#exit
R2(config)#interface FastEthernet1/0
R2(config-if)#ip address 192.168.2.1 255.255.255.0
R2(config-if)#no shutdown
R2(config-if)#exit
R2(config)#router ospf 1
R2(config-router)#network 172.16.2.0 0.0.0.3 area 0
R2(config-router)#network 172.16.3.0 0.0.0.3 area 0
R2(config-router)#network 192.168.2.0 0.0.0.255 area 0
```

对 R3 配置如下：

```
R3(config)#interface FastEthernet0/0
R3(config-if)#ip address 172.16.3.2 255.255.255.252
R3(config-if)#no shutdown
R3(config-if)#exit
R3(config)#interface FastEthernet0/1
R3(config-if)#ip address 172.16.1.2 255.255.255.252
R3(config-if)#no shutdown
R3(config-if)#exit
R3(config)#interface FastEthernet1/0
R3(config-if)#ip address 192.168.3.1 255.255.255.0
R3(config-if)#no shutdown
R3(config-if)#exit
R3(config)#router ospf 1
```

```
R3(config-router)#network 172.16.1.0 0.0.0.3 area 0
R3(config-router)#network 172.16.3.0 0.0.0.3 area 0
R3(config-router)#network 192.168.3.0 0.0.0.255 area 0
```

以 R1 为例查看路由器的路由表信息：

```
R1#show ip route
```

显示结果如下：

```
Codes: C - connected, S - static, I - IGRP, R - RIP, M - mobile, B - BGP
       D - EIGRP, EX - EIGRP external, O - OSPF, IA - OSPF inter area
       N1 - OSPF NSSA external type 1, N2 - OSPF NSSA external type 2
       E1 - OSPF external type 1, E2 - OSPF external type 2, E - EGP
       i - IS-IS, L1 - IS-IS level-1, L2 - IS-IS level-2, ia - IS-IS inter area
       * - candidate default, U - per-user static route, o - ODR
       P - periodic downloaded static route

Gateway of last resort is not set

     172.16.0.0/30 is subnetted, 3 subnets
C       172.16.1.0 is directly connected, FastEthernet0/1
C       172.16.2.0 is directly connected, FastEthernet0/0
O       172.16.3.0 [110/2] via 172.16.2.2, 00:00:18, FastEthernet0/0
C    192.168.1.0/24 is directly connected, FastEthernet1/0
O    192.168.2.0/24 [110/2] via 172.16.2.2, 00:06:11, FastEthernet0/0
O    192.168.3.0/24 [110/2] via 172.16.1.2, 00:05:04, FastEthernet0/1
```

从上述查询结果可以看出，R1 的路由表中有 3 条直连路由和 3 条 OSPF 路由。其中
172.16.1.0/30 网段、172.16.2.0/30 网段和 192.168.1.0/24 网段是三条直接路由，172.16.3.0/30
网段、192.168.2.0/24 网段和 192.168.3.0/24 网段是通过 OSPF 进程产生的 OSPF 路由。

### 3．passive 接口配置示例

例 3.6　passive 接口应用示例（本示例在 Cisco PT 环境下实现）。网络结构拓扑图如
图 3-8 所示。

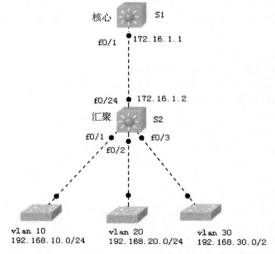

图 3-8　passive 接口应用示例的网络结构拓扑图

　　S2 是汇聚层交换机，下面有多个 VLAN，在汇聚交换机 S2 上创建每个 VLAN 时会产生相应的 SVI（Switch Virtual Interface）接口，也就是通常所说的 VLAN 接口，一个 SVI 接口与一个 VLAN 相对应。SVI 接口的功能类似于路由器上的物理端口，只不过 SVI 接口是虚拟的，VLAN 间能够实现通信正是由 SVI 接口实现的，即 SVI 接口提供 VLAN 间的路由。

　　现在汇聚交换机 S2 与核心交换机 S1 之间通过 OSPF 路由连接。S2 需要向 S1 通告其下面各 VLAN 所对应的网段，以便核心交换机能够获知相关的路由。然而一旦 S2 在 OSPF 进程中宣告这些 VLAN 所对应的网段，则相应的 SVI 接口就会向 VLAN 中去泛洪 OSPF 的 hello 报文，而 VLAN 下面连接的是计算机，它们属于终点设备，不需要参与 OSPF 路由的更新工作，因此向 VLAN 中去泛洪 OSPF 的 hello 报文是没有意义的，需要过滤掉。这里利用"passive"命令来过滤这些不需要的 hello 报文。

　　汇聚交换机 S2 的配置如下：

```
S2(config)#vlan 10
S2(config-vlan)#exit
S2(config)#vlan 20
S2(config-vlan)#exit
S2(config)#vlan 30
S2(config-vlan)#exit
S2(config)#interface vlan 10
S2(config-if)#ip address 192.168.10.254 255.255.255.0
S2(config-if)#exit
S2(config)#interface vlan 20
S2(config-if)#ip address 192.168.20.254 255.255.255.0
S2(config-if)#exit
S2(config)#interface vlan 30
S2(config-if)#ip address 192.168.30.254 255.255.255.0
S2(config-if)#exit
S2(config)#inter f0/24
S2(config-if)#no switchport
S2(config-if)#ip add 172.16.1.2 255.255.255.252
S2(config-if)#exit
S2(config)#ip routing
S2(config)#router ospf 1
S2(config-router)#network 192.168.10.0 0.0.0.255 area 0
S2(config-router)#network 192.168.20.0 0.0.0.255 area 0
S2(config-router)#network 192.168.30.0 0.0.0.255 area 0
S2(config-router)#network 172.16.1.0 0.0.0.3 area 0
S2(config-router)#passive-interface vlan 10
S2(config-router)#passive-interface vlan 20
S2(config-router)#passive-interface vlan 30
S2(config-router)#exit
```

　　这样，vlan 10、vlan 20 和 vlan 30 都被设置成为 passive 模式，OSPF 进程就不会向这三个 VLAN 泛洪 OSPF 的 hello 报文了，但不会影响正常的通信。

　　如果交换机中的 VLAN 较多，一个一个地配置 passive 模式会显得比较麻烦，事实上有一种更简单的办法，就是先用"passive-interface default"命令将所有的接口设置为 passive 模式，然后在某个不需要设置为 passive 的接口上执行"no passive-interface"命令取消即可，如下所示：

```
S2(config-router)#passive-interface default
S2(config-router)#no passive-interface f0/24
```

　　这里第一条命令将所有的接口设置为 passive 模式，当然也包括三个 VLAN 的 SVI 接口，再将 f0/24 接口恢复为正常模式，因为汇聚交换机的 f0/24 接口与核心交换机 S1 相连，它们之间需要交换 OSPF 的 hello 报文以获知双方的路由更新信息。

### 4．distribute-list 路由分布示例

　　**例 3.7**　在 OSPF 网络中使用 distribute-list 示例（本示例在 GNS3 环境下实现）。网络结构拓扑图如图 3-9 所示。

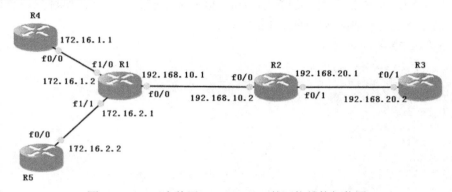

图 3-9　OSPF 中使用 distribute-list 的网络结构拓扑图

通过在路由器里配置 distribute-list，观察该命令对路由器的路由表的影响。

R1 的配置：

```
R1(config)# interface FastEthernet0/0
R1(config)#no shut
R1(config-if)# ip address 192.168.10.1 255.255.255.0
R1(config-if)#exit
R1(config)# interface FastEthernet1/0
R1(config)#no shut
R1(config-if)#ip address 172.16.1.2 255.255.255.0
R1(config-if)#exit
R1(config)# interface FastEthernet1/1
R1(config)#no shut
R1(config-if)#ip address 172.16.2.1 255.255.255.0
R1(config-if)#exit
R1(config)#router ospf 1
R1(config-router)#network 172.16.1.0 0.0.0.255 area 0
R1(config-router)# network 172.16.2.0 0.0.0.255 area 0
R1(config-router)# network 192.168.10.0 0.0.0.255 area 0
```

R2 的配置：

```
R2(config)#interface FastEthernet0/0
R2(config)#no shut
R2(config-if)#ip address 192.168.10.2 255.255.255.0
R2(config-if)#exit
R2(config)#interface FastEthernet0/1
```

```
R2(config)#no shut
R2(config-if)#ip address 192.168.20.1 255.255.255.0
R2(config-if)#exit
R2(config)#access-list 1 deny   172.16.1.0 0.0.0.255
R2(config)#access-list 1 permit any
R2(config)#router ospf 1
R2(config-router)#network 192.168.10.0 0.0.0.255 area 0
R2(config-router)#network 192.168.20.0 0.0.0.255 area 0
R2(config-router)#distribute-list 1 in FastEthernet0/0
```

R3 的配置：

```
R3(config)#interface FastEthernet0/1
R3(config-if)#no shut
R3(config-if)#ip address 192.168.20.2 255.255.255.0
R3(config-if)#exit
R3(config)#router ospf 1
R3(config-router)#network 192.168.20.0 0.0.0.255 area 0
```

R4 的配置：

```
R4(config)#interface FastEthernet0/0
R4(config-if)#no shut
R4(config-if)#ip address 172.16.1.1 255.255.255.0
R4(config-if)#exit
R4(config)#router ospf 1
R4(config-router)#network 172.16.1.0 0.0.0.255 area 0
```

R5 的配置：

```
R5(config)#interface FastEthernet0/0
R5(config)#no shut
R5(config-if)#ip address 172.16.2.2 255.255.255.0
R5(config-if)#exit
R5(config)#router ospf 1
R5(config-router)#network 172.16.2.0 0.0.0.255 area 0
```

在 R2 上查看路由表，如下所示：

```
R2#show ip route
C    192.168.10.0/24 is directly connected, FastEthernet0/0
     172.16.0.0/24 is subnetted, 1 subnets
O       172.16.2.0 [110/2] via 192.168.10.1, 00:15:35, FastEthernet0/0
C    192.168.20.0/24 is directly connected, FastEthernet0/1
```

在 R3 上显示路由表如下：

```
R3#show ip route
O    192.168.10.0/24 [110/2] via 192.168.20.1, 00:16:52, FastEthernet0/1
     172.16.0.0/24 is subnetted, 2 subnets
O       172.16.1.0 [110/3] via 192.168.20.1, 00:16:42, FastEthernet0/1
O       172.16.2.0 [110/3] via 192.168.20.1, 00:16:42, FastEthernet0/1
C    192.168.20.0/24 is directly connected, FastEthernet0/1
```

可以看到，R2 里没有 172.16.1.0 的路由，但在 R3 里是有的。因为我们在 R2 里做了过滤，但 R3 里有 172.16.1.0 的路由，说明 R2 的过滤只影响本地路由器，并不影响其他路由器学习这条路由。

```
R3#ping 172.16.1.1
Type escape sequence to abort.
Sending 5, 100-byte ICMP Echos to 172.16.1.1, timeout is 2 seconds:
U.U.U
Success rate is 0 percent (0/5)
```

结果表明，从 R3 ping 不通 R4，虽然 R3 里有 172.16.1.0 的路由条目，但 R2 并没有 172.16.1.0 的路由，而 R3 要到达 R4，必须通过 R2，所以 ping 不通是正确的。

既然 R2 里没有 172.16.1.0 的路由条目，那么 R3 里 172.16.1.0 的路由条目从何而来的呢？这就是 distribute-list 的过滤规则的结果，因为 distribute-list 只是过滤本地路由器中路由条目的生成，但它并不影响 LSA 的转发，因此 R3 是可以学习到 172.16.1.0 的 LSA 信息的，所以 R3 路由表里有 172.16.1.0 的路由条目。

### 5．多区域 OSPF

（1）划分区域的好处

OSPF 使用多个数据库和复杂的算法，所以它对路由器的 CPU 和内存消耗很大；另一方面，网络拓扑的变化会导致大量 LSA 的广播而出现路由震荡。OSPF 协议为了避免这些不利的影响，引入了区域的概念。OSPF 将一个大的 AS（Autonomous System，自治系统）划分为若干区域，路由器仅需要和它所在区域的其他路由器维护相同的数据库，而没有必要和整个 AS 内的所有路由器共享相同的数据库，这样，LSA 泛洪也就被限制在一个区域里面了。

（2）OSPF 的区域类型

①骨干区域

在多区域 OSPF 中，有一个非常重要的编号为 0 的区域，称为骨干区域，它的任务是汇总每个区域的网络拓扑并路由到其他区域。所有的域间通信都必须通过骨干区域，非骨干区域不能直接交换 LSA，因此，所有的区域都必须与骨干区域连接。

②标准区域

标准区域就是一般的 OSPF 区域。要求标准区域必须与骨干区域相连，如果标准区域和骨干区域不能实现物理上的连接，也可以采用下面的虚链路来连接。

③虚链路（Virtual Link）

如果 Area2 与 Area 0 没有直接连接，中间跨越了 Area1，这会导致相互之间无法学习到对方的路由信息。在这种情况下，可以在 Area1 的两台 ABR 上配置虚链路，建立一条逻辑上的连接通道，因为虚链路被认为是属于骨干区域的，所以 Area2 就能够通过虚链路连接到骨干区域上了。

④末梢区域（Stub）

末梢区域禁止外部 AS 的信息进入本区域，因此，该区域路由器的路由表中有域内路由和域间路由（本自治系统内），没有域外路由（自治系统以外）。去往 AS 以外的域外路由通过默认路由实现。

⑤完全末梢区域（Total Stub）

完全末梢区域禁止外部 AS 和本 AS 内的其他区域的信息进入该区域，因此，该区域路由器的路由表中只有域内路由，没有域间路由和域外路由。去往域间和域外的路由通过默认路由实现。

⑥非纯末梢区域（NSSA）

如果某个区域一边连接的是 OSPF 自治系统，而另一边连接的是其他的自治系统，如 RIP 网络，则可以将该区域设置成为非纯末梢区域 NSSA，使得 OSPF 自治系统以外的路由可以通告到 OSPF 自治系统的内部。

（3）OSPF 中的路由器类型

内部路由器：指所有的接口都连接在同一区域的路由器。

区域边界路由器（ABR）：指连接一个或者多个区域到骨干区域的路由器。这样的路由器通过多个接口连接不同的区域，但其中一个必须是骨干区域。ABR 用来连接骨干区域和非骨干区域，它与骨干区域之间既可以是物理连接，也可以是逻辑上的连接。

骨干路由器：至少有一个接口和骨干区域相连的路由器就是骨干路由器。因此所有的 ABR 和位于 Area0 的内部路由器都是骨干路由器。

AS 边界路由器（ASBR）：ASBR 位于 OSPF 自治系统和非 OSPF 网络之间，是把 OSPF 外部的路由信息引入到 OSPF 区域的网关路由器。

需要注意的是，OSPF 中的一个路由器可以同时拥有以上几种类型的身份，如某个路由器的一个端口属于 Area2，另一个端口属于 Area0，则该路由器既是区域边界路由器 ABR，又是骨干路由器。

**例 3.8**   多区域 OSPF 路由配置示例。网络拓扑结构如图 3-10 所示。该实验在 GNS3 环境下实现。

拓扑图说明：A0 是 Area0，即骨干区域，A1 和 A2 是两个普通的 OSPF 区域，由于 A2 未和 Area0 直接相连，因此需要在路由器 R2 和 R3 之间做虚链路，A3 是一个非纯末梢区域 NSSA，用于连接 RIP 网络和 OSPF 网络之间的通信，A4 是一个完全末梢区域（Total Stub），A5 是一个末梢区域（Stub）。图中的标号以路由器 R3 为例，端口 g1/0 的地址为 192.168.20.2，端口 g2/0 的地址为 192.168.30.1，端口 g3/0 的地址为 192.168.50.1，环回接口地址为 3.3.3.3，其他设备上端口地址以此类推。

本例中，有 1 个骨干区域 Area0，2 个标准的 OSPF 区域 Area1 和 Area2，1 个末梢区域 Area5 和 1 个完全末梢区域 Area4，同时还有 1 个 RIP 网络，通过 Area3 连接到 OSPF 网络，因此，需要将 Area3 设置为 NSSA 区域。

在图 3-10 中，Area2 没有与 Area 0 直接相连，路由器 R1 无法学到其他区域的路由，而路由器 R3 和 R4 也无法学到 R1 的路由信息。所以需要在 R2 和 R3 之间建立虚链路来连接 Area2 和 Area0，实现 Area2 与骨干区域的逻辑连接。

在图 3-10 中，Area3 与另一个使用 RIP 协议的小网络（相当于另一个 AS）相连，如果要实现使用 RIP 协议的网络与使用 OSPF 协议的网络相互通信，就需要将 Area3 设置为 NSSA 区域，并宣告路由重分布，从而实现使用 RIP 协议的网络与使用 OSPF 协议的网络之间相互通信。

R1 的主要配置如下：

```
R1(config)#interface Loopback0
R1(config-if)#ip address 1.1.1.1 255.255.255.255
R1(config-if)#exit
R1(config)#interface GigabitEthernet1/0
R1(config-if)#no shut
R1(config-if)#ip address 192.168.10.1 255.255.255.0
R1(config-if)#exit
R1(config)#router ospf 1
R1(config-router)#router-id 1.1.1.1
R1(config-router)#network 1.1.1.1 0.0.0.0 area 2
R1(config-router)#network 192.168.10.0 0.0.0.255 area 2
```

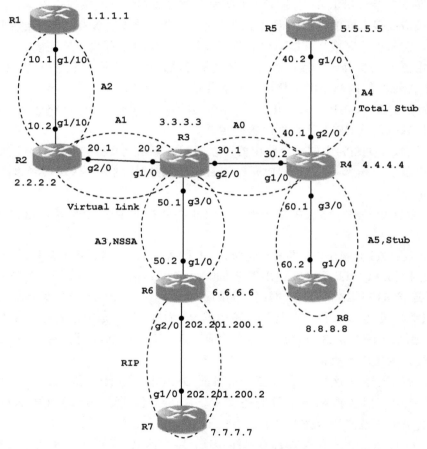

图 3-10　多区域 OSPF 路由拓扑图

R2 的主要配置如下：

```
R2(config)#interface Loopback0
R2(config-if)#ip address 2.2.2.2 255.255.255.255
R2(config-if)#exit
R2(config)#interface GigabitEthernet1/0
R2(config-if)#no shut
R2(config-if)#ip address 192.168.10.2 255.255.255.0
R2(config-if)#exit
```

```
R2(config)#interface GigabitEthernet2/0
R2(config-if)#no shut
R2(config-if)#ip address 192.168.20.1 255.255.255.0
R2(config-if)#exit
R2(config)#router ospf 1
R2(config-router)#router-id 2.2.2.2
R2(config-router)#area 1 virtual-link 3.3.3.3     //配置虚链路
R2(config-router)#network 2.2.2.2 0.0.0.0 area 1
R2(config-router)#network 192.168.10.0 0.0.0.255 area 2
R2(config-router)#network 192.168.20.0 0.0.0.255 area 1
```

R3 的主要配置如下：

```
R3(config)#interface Loopback0
R3(config-if)#ip address 3.3.3.3 255.255.255.255
R3(config-if)#exit
R3(config)#interface GigabitEthernet1/0
R3(config-if)#no shut
R3(config-if)#ip address 192.168.20.2 255.255.255.0
R3(config-if)#exit
R3(config)#interface GigabitEthernet2/0
R3(config-if)#no shut
R3(config-if)#ip address 192.168.30.1 255.255.255.0
R3(config-if)#exit
R3(config)# interface GigabitEthernet3/0
R3(config-if)#no shut
R3(config-if)#ip address 192.168.50.1 255.255.255.0
R3(config-if)#exit
R3(config)# router ospf 1
R3(config-router)#router-id 3.3.3.3
R3(config-router)#area 1 virtual-link 2.2.2.2     //配置虚链路
R3(config-router)#area 3 nssa
R3(config-router)#network 192.168.20.0 0.0.0.255 area 1
R3(config-router)#network 192.168.30.0 0.0.0.255 area 0
R3(config-router)#network 192.168.50.0 0.0.0.255 area 3
R3(config-router)#network 3.3.3.3 0.0.0.0 area 0
```

R4 的主要配置如下：

```
R4(config)#interface Loopback0
R4(config-if)#ip address 4.4.4.4 255.255.255.255
R4(config-if)#exit
R4(config)#interface GigabitEthernet1/0
R4(config-if)#no shut
R4(config-if)#ip address 192.168.30.2 255.255.255.0
R4(config-if)#exit
R4(config)#interface GigabitEthernet2/0
R4(config-if)#no shut
R4(config-if)#ip address 192.168.40.1 255.255.255.0
R4(config-if)#exit
R4(config)#interface GigabitEthernet3/0
R4(config-if)#no shut
R4(config-if)#ip address 192.168.60.1 255.255.255.0
```

```
R4(config-if)#exit
R4(config)#router ospf 1
R4(config-router)#router-id 4.4.4.4
R4(config-router)#area 4 stub no-summary
R4(config-router)#area 5 stub
R4(config-router)#network 192.168.30.0 0.0.0.255 area 0
R4(config-router)#network 192.168.40.0 0.0.0.255 area 4
R4(config-router)#network 192.168.60.0 0.0.0.255 area 5
R4(config-router)#network 4.4.4.4 0.0.0.0 area 0
```

R5 的主要配置如下：

```
R5(config)#interface Loopback0
R5(config-if)#ip address 5.5.5.5 255.255.255.255
R5(config-if)#exit
R5(config)#interface GigabitEthernet1/0
R5(config-if)#no shut
R5(config-if)#ip address 192.168.40.2 255.255.255.0
R5(config-if)#exit
R5(config)#router ospf 1
R5(config-router)#router-id 5.5.5.5
R5(config-router)#area 4 stub no-summary
R5(config-router)#network 5.5.5.5 0.0.0.0 area 4
R5(config-router)#network 192.168.40.0 0.0.0.255 area 4
```

R6 的主要配置如下：

```
R6(config)#interface Loopback0
R6(config-if)#ip address 6.6.6.6 255.255.255.255
R6(config-if)#exit
R6(config)#interface GigabitEthernet1/0
R6(config-if)#no shut
R6(config-if)#ip address 192.168.50.2 255.255.255.0
R6(config-if)#exit
R6(config)#interface GigabitEthernet2/0
R6(config-if)#no shut
R6(config-if)#ip address 202.201.200.1 255.255.255.0
R6(config-if)#exit
R6(config)#router ospf 1
R6(config-router)#router-id 6.6.6.6
R6(config-router)#area 3 nssa
R6(config-router)#redistribute rip subnets
R6(config-router)# network 6.6.6.6 0.0.0.0 area 3
R6(config-router)# network 192.168.50.0 0.0.0.255 area 3
R6(config-router)#exit
R6(config)#router rip
R6(config-router)# version 2
R6(config-router)# redistribute ospf 1 metric 5
R6(config-router)# network 202.201.200.0
```

R7 的主要配置如下：

```
R7(config)#interface Loopback0
R7(config-if)#ip address 7.7.7.7 255.255.255.255
```

```
R7(config-if)#exit
R7(config)#interface GigabitEthernet1/0
R7(config-if)#no shut
R7(config-if)#ip address 202.201.200.2 255.255.255.0
R7(config-if)#exit
R7(config)#router rip
R7(config-router)#version 2
R7(config-router)# network 7.7.7.7
R7(config-router)# network 202.201.200.0
```

R8 的主要配置如下：

```
R8(config)#interface Loopback0
R8(config-if)# ip address 8.8.8.8 255.255.255.255
R8(config-if)#exit
R8(config)#interface GigabitEthernet1/0
R8(config-if)#no shut
R8(config-if)# ip address 192.168.60.2 255.255.255.0
R8(config-if)#exit
R8(config)#router ospf 1
R8(config-router)# router-id 8.8.8.8
R8(config-router)#area 5 stub
R8(config-router)# network 8.8.8.8 0.0.0.0 area 5
R8(config-router)# network 192.168.60.0 0.0.0.255 area 5
```

配置完成后，通过查看路由器的路由表，R1 的路由表如下：

```
C     1.1.1.0 is directly connected, Loopback0
O E2 202.201.200.0/24 [110/20] via 192.168.10.2, 00:27:40, GigabitEthernet1/0
O IA 192.168.30.0/24 [110/3] via 192.168.10.2, 00:27:45, GigabitEthernet1/0
O IA 192.168.60.0/24 [110/4] via 192.168.10.2, 00:27:44, GigabitEthernet1/0
C     192.168.10.0/24 is directly connected, GigabitEthernet1/0
O IA 192.168.40.0/24 [110/4] via 192.168.10.2, 00:27:44, GigabitEthernet1/0
O IA 192.168.20.0/24 [110/2] via 192.168.10.2, 00:27:51, GigabitEthernet1/0
O IA 192.168.50.0/24 [110/3] via 192.168.10.2, 00:27:45, GigabitEthernet1/0
```

该路由器路由表中包含了所有的域内路由、域间路由和域外路由。

路由器 R8 的路由表如下：

```
O IA 192.168.30.0/24 [110/2] via 192.168.60.1, 00:02:31, GigabitEthernet1/0
C    192.168.60.0/24 is directly connected, GigabitEthernet1/0
O IA 192.168.10.0/24 [110/4] via 192.168.60.1, 00:02:31, GigabitEthernet1/0
O IA 192.168.40.0/24 [110/2] via 192.168.60.1, 00:02:31, GigabitEthernet1/0
O IA 192.168.20.0/24 [110/3] via 192.168.60.1, 00:02:32, GigabitEthernet1/0
O IA 192.168.50.0/24 [110/3] via 192.168.60.1, 00:02:32, GigabitEthernet1/0
O*IA 0.0.0.0/0 [110/2] via 192.168.60.1, 00:24:04, GigabitEthernet1/0
```

该路由器中包含了所有的域内路由和域间路由，没有域外路由，去往域外的 RIP 网络通过默认路由到达。

路由器 R5 的路由表如下：

```
C    192.168.40.0/24 is directly connected, GigabitEthernet1/0
O*IA 0.0.0.0/0 [110/2] via 192.168.40.1, 00:02:53, GigabitEthernet1/0
```

该路由器只有域内路由，没有域间路由和域外路由，去往其他区域的域间路由和域外 RIP 网络通过默认路由到达。

### 6．OSPF 域间路由汇总

在一个自治系统 AS 中，其他区域的所有网段都会被通告进 OSPF 的骨干区域中，如果某个网段不稳定，那么它每次改变状态时，都会引起 LSA 在整个网络中泛洪。为了解决这个问题，可以对网络地址进行汇总。路由汇总有两种形式，一种是域间路由汇总，一种是外部路由汇总，域间路由汇总在 ABR 上实现，外部路由汇总在 ASBR 上实现。这里讨论域间路由汇总。

OSPF 路由汇总可以减少路由器的路由表条目数量，减少 LSA 的洪泛，从而节约带宽资源并减轻路由器 CPU 的负载。

OSPF 域间路由汇总命令：

```
area 区域号 range 汇总后的网络地址 汇总后的掩码
```

表示某区域内的若干网段汇总以后的情况，这样可以将多个网段汇总成一个网段，从而使多个路由条目汇总成一个条目。

**例 3.9**　OSPF 域间路由汇总示例（本示例在 GNS3 环境下实现）。

网络拓扑结构如图 3-11 所示，R1 的 f0/0 端口与 R2 的 f0/0 端口构成 area0（骨干区域），R2 的 f0/1 端口与 R3 的 f0/0 端口构成 area1（普通区域）。R2 中有 192.168.0.0/24 等多个网段，R3 中有 211.200.0.0/24 等 8 个网段，为了方便处理，这里把这些网段配置在环回接口中，如图所示，L0 表示环回接口 Loopback0，L1 表示环回接口 Loopback1，以此类推。

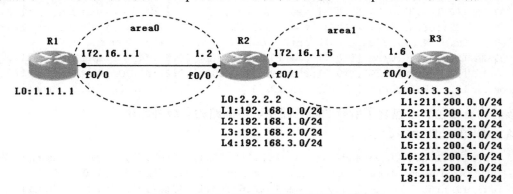

图 3-11　OSPF 域间路由汇总示例网络拓扑图

R1 的配置如下：

```
R1(config)#interface Loopback0
R1(config-if)#ip address 1.1.1.1 255.255.255.255
                        //该地址仅作为 Router-ID，因此可以使用单地址
R1(config-if)#exit
R1(config)#interface FastEthernet0/0
R1(config)#no shut
R1(config-if)#ip address 172.16.1.1 255.255.255.252
R1(config-if)#exit
```

```
R1(config)#router ospf 1
R1(config-router)#router-id 1.1.1.1
R1(config-router)#network 1.1.1.1 0.0.0.0 area 0//单地址的反掩码为全 0
R1(config-router)#network 172.16.1.0 0.0.0.3 area 0
```

R2 的配置如下：

```
R2(config)#interface Loopback0
R2(config-if)# ip address 2.2.2.2 255.255.255.255
R2(config-if)#exit
R2(config)#interface Loopback1
R2(config-if)# ip address 192.168.0.1 255.255.255.0
R2(config-if)#exit
R2(config)#interface Loopback2
R2(config-if)# ip address 192.168.1.1 255.255.255.0
R2(config-if)#exit
R2(config)#interface Loopback3
R2(config-if)# ip address 192.168.2.1 255.255.255.0
R2(config-if)#exit
R2(config)#interface Loopback4
R2(config-if)# ip address 192.168.3.1 255.255.255.0
R2(config-if)#exit
R2(config)#interface FastEthernet0/0
R2(config)#no shut
R2(config-if)# ip address 172.16.1.2 255.255.255.252
R2(config-if)#exit
R2(config)#interface FastEthernet0/1
R2(config)#no shut
R2(config-if)# ip address 172.16.1.5 255.255.255.252
R2(config-if)#exit
R2(config)#router ospf 1
R2(config-router)# router-id 2.2.2.2
R2(config-router)# network 2.2.2.2 0.0.0.0 area 0
R2(config-router)# network 172.16.1.0 0.0.0.3 area 0
R2(config-router)# network 172.16.1.4 0.0.0.3 area 1
R2(config-router)# network 192.168.0.0 0.0.0.255 area 0
R2(config-router)# network 192.168.1.0 0.0.0.255 area 0
R2(config-router)# network 192.168.2.0 0.0.0.255 area 0
R2(config-router)# network 192.168.3.0 0.0.0.255 area 0
```

R3 的配置如下：

```
R3(config)#interface Loopback0
R3(config-if)#ip address 3.3.3.3 255.255.255.255
R3(config-if)#exit
R3(config)#interface Loopback1
R3(config-if)# ip address 211.200.0.1 255.255.255.0
R3(config-if)#exit
R3(config)#interface Loopback2
R3(config-if)# ip address 211.200.1.1 255.255.255.0
R3(config-if)#exit
R3(config)#interface Loopback3
R3(config-if)# ip address 211.200.2.1 255.255.255.0
```

```
R3(config-if)#exit
R3(config)#interface Loopback4
R3(config-if)# ip address 211.200.3.1 255.255.255.0
R3(config-if)#exit
R3(config)#interface Loopback5
R3(config-if)# ip address 211.200.4.1 255.255.255.0
R3(config-if)#exit
R3(config)#interface Loopback6
R3(config-if)# ip address 211.200.5.1 255.255.255.0
R3(config-if)#exit
R3(config)#interface Loopback7
R3(config-if)# ip address 211.200.6.1 255.255.255.0
R3(config-if)#exit
R3(config)#interface Loopback8
R3(config-if)# ip address 211.200.7.1 255.255.255.0
R3(config-if)#exit
R3(config)#interface FastEthernet0/0
R3(config)#no shut
R3(config-if)# ip address 172.16.1.6 255.255.255.252
R3(config-if)#exit
R3(config)#router ospf 1
R3(config-router)# router-id 3.3.3.3
R3(config-router)# network 3.3.3.3 0.0.0.0 area 1
R3(config-router)# network 172.16.1.4 0.0.0.3 area 1
R3(config-router)# network 211.200.0.0 0.0.0.255 area 1
R3(config-router)# network 211.200.1.0 0.0.0.255 area 1
R3(config-router)# network 211.200.2.0 0.0.0.255 area 1
R3(config-router)# network 211.200.3.0 0.0.0.255 area 1
R3(config-router)# network 211.200.4.0 0.0.0.255 area 1
R3(config-router)# network 211.200.5.0 0.0.0.255 area 1
R3(config-router)# network 211.200.6.0 0.0.0.255 area 1
R3(config-router)# network 211.200.7.0 0.0.0.255 area 1
```

在 R1 中使用命令"show ip route"查看路由表，显示如下：

```
C       1.1.1.1 is directly connected, Loopback0
        2.0.0.0/32 is subnetted, 1 subnets
O       2.2.2.2 [110/2] via 172.16.1.2, 00:02:44, FastEthernet0/0
        3.0.0.0/32 is subnetted, 1 subnets
O IA    3.3.3.3 [110/3] via 172.16.1.2, 00:02:44, FastEthernet0/0
        172.16.0.0/30 is subnetted, 2 subnets
O IA    172.16.1.4 [110/2] via 172.16.1.2, 00:02:44, FastEthernet0/0
C       172.16.1.0 is directly connected, FastEthernet0/0
        211.200.6.0/32 is subnetted, 1 subnets
O IA    211.200.6.1 [110/3] via 172.16.1.2, 00:02:44, FastEthernet0/0
        211.200.7.0/32 is subnetted, 1 subnets
O IA    211.200.7.1 [110/3] via 172.16.1.2, 00:02:44, FastEthernet0/0
        211.200.4.0/32 is subnetted, 1 subnets
O IA    211.200.4.1 [110/3] via 172.16.1.2, 00:02:45, FastEthernet0/0
        211.200.5.0/32 is subnetted, 1 subnets
O IA    211.200.5.1 [110/3] via 172.16.1.2, 00:02:45, FastEthernet0/0
        192.168.0.0/32 is subnetted, 1 subnets
```

```
O        192.168.0.1 [110/2] via 172.16.1.2, 00:02:45, FastEthernet0/0
     211.200.2.0/32 is subnetted, 1 subnets
O IA     211.200.2.1 [110/3] via 172.16.1.2, 00:02:45, FastEthernet0/0
     192.168.1.0/32 is subnetted, 1 subnets
O        192.168.1.1 [110/2] via 172.16.1.2, 00:02:45, FastEthernet0/0
     211.200.3.0/32 is subnetted, 1 subnets
O IA     211.200.3.1 [110/3] via 172.16.1.2, 00:02:45, FastEthernet0/0
     192.168.2.0/32 is subnetted, 1 subnets
O        192.168.2.1 [110/2] via 172.16.1.2, 00:02:45, FastEthernet0/0
     211.200.0.0/32 is subnetted, 1 subnets
O IA     211.200.0.1 [110/3] via 172.16.1.2, 00:02:45, FastEthernet0/0
     211.200.1.0/32 is subnetted, 1 subnets
O IA     211.200.1.1 [110/3] via 172.16.1.2, 00:02:45, FastEthernet0/0
```

从显示的结果可以看出，area1 中的路由器 R3 涉及的网段全部通告进了 R1 的路由表，使得 R1 的路由表比较大。考虑到 R3 涉及的网段是相邻的，可以进行合并，因此可以进行路由汇总。但需要注意的是，汇总的时候不能在 R3 上进行，因为 R3 不是 ABR，R2 才是 ABR，因此要在 R2 上进行汇总。分析发现，R3 的网段 211.200.0.0、211.200.1.0、…、211.200.7.0 可以合并成 211.200.0.0/21。

在 R2 的 OSPF 进程中执行以下命令：

```
R2(config-router)#area 1 range 211.200.0.0 255.255.248.0
```

在 R2 上执行汇总以后，R1 的路由表显示如下：

```
C        1.1.1.1 is directly connected, Loopback0
     2.0.0.0/32 is subnetted, 1 subnets
O        2.2.2.2 [110/2] via 172.16.1.2, 00:22:41, FastEthernet0/0
     3.0.0.0/32 is subnetted, 1 subnets
O IA    3.3.3.3 [110/3] via 172.16.1.2, 00:22:41, FastEthernet0/0
     172.16.0.0/30 is subnetted, 2 subnets
O IA     172.16.1.4 [110/2] via 172.16.1.2, 00:22:41, FastEthernet0/0
C        172.16.1.0 is directly connected, FastEthernet0/0
     192.168.0.0/32 is subnetted, 1 subnets
O        192.168.0.1 [110/2] via 172.16.1.2, 00:22:41, FastEthernet0/0
     192.168.1.0/32 is subnetted, 1 subnets
O        192.168.1.1 [110/2] via 172.16.1.2, 00:22:41, FastEthernet0/0
     192.168.2.0/32 is subnetted, 1 subnets
O        192.168.2.1 [110/2] via 172.16.1.2, 00:22:43, FastEthernet0/0
O IA 211.200.0.0/21 [110/3] via 172.16.1.2, 00:00:21, FastEthernet0/0
```

从显示的结果可以看出，去往 R3 的 211.200 这部分网段只有一个路由条目了，达到了汇总的目的。

## 3.4　BGP 路由

### 3.4.1　BGP 路由基础

边界网关协议（Border Gateway Protocol，BGP）是外部网关协议中最流行、应用最广泛的一种路由协议，是自治系统间的路由选择协议，它是一种基于路径向量的路由选择协议。

尽管 BGP 协议是为自治系统间的路由选择而设计，但它也可以用于自治系统内部，是一类双重路由选择协议。

在配置 BGP 时，每个自治系统的管理员要选择至少一个路由器（一般是 BGP 边界路由器）作为该自治系统的"BGP 发言人"。一般来说，两个 BGP 发言人都是通过一个共享网络连接在一起的，同时要求所有 BGP 发言人除运行 BGP 协议外，还必须运行该自治系统所使用的内部网关协议，如 RIP 和 OSPF。一个 BGP 发言人与其他自治系统的发言人要交换路由信息，例如增加了新的路由，或撤销过时路由，以及报告差错情况等，就要先建立 TCP 连接（端口号为 179），然后在此连接上交换 BGP 报文以建立 BGP 会话，利用 BGP 会话交换路由信息。使用 TCP 连接交换路由信息的两个 BGP 发言人，互称邻站或邻居。一个 BGP 发言人的邻站需要通过命令手工配置，依据邻站与该 BGP 发言人是否处于同一个自治系统，分为 IBGP（处于同一自治系统）和 EBGP（处于不同自治系统）两种邻站。邻站交换的路由信息就是要到达某个网络（用网络前缀表示）所要经过的一系列自治系统，通过一系列的交换路由信息，各个 BGP 发言人就可以根据所采用的策略从收到的路由信息中找出到达各网络的较好路由。

边界路由器与邻站交换整个 BGP 路由表，以后只需在发生变化时更新有变化的部分，而无须像 RIP 或 OSPF 那样周期性地进行更新，这样可以显著节约网络带宽并减少路由器处理开销。

为保证邻站的连接和路由信息交换，BGP 提供如下四种报文：

（1）打开（OPEN）报文，用来与相邻的另一个 BGP 发言人建立关系。

（2）更新（UPDATE）报文，用来发送某一路由的信息，以及列出要撤销的多条路由。

（3）保活（KEEPALIVE）报文，用来周期性（一般每隔 30 秒）地证实邻站关系。

（4）通知（NOTIFICATION）报文，用来发送检测到的差错。

在 RFC 2918 中增加了 ROUTE-REFRESH 报文，用来请求对端重新通告。

BGP 的特点有：（1）BGP 协议交换路由信息的结点数量级是自治系统数的量级，这要比自治系统中的网络数少很多；（2）每一个自治系统中 BGP 发言人（或边界路由器）的数目很少，这样就使得自治系统之间的路由选择不致过于复杂；（3）BGP 支持 CIDR，因此 BGP 的路由表也就应当包括目的网络前缀、下一跳路由器，以及到达该目的网络所要经过的各个自治系统序列。

BGP 有两个版本：BGP 和 BGP-4，目前使用的主要是 BGP-4（RFC4271）。

## 3.4.2　基本的 BGP 配置

Cisco IOS 系统下的常用 BGP 配置命令简介如下。

（1）router bgp　自治域号：启动 BGP 协议，启动 BGP 进程，指定自治域号所标识的自治系统的 BGP 发言人，自治域号是该路由器所处的自治系统号，范围是 1～65535。

（2）neighbor　邻居　ip　地址 邻居自治域号：指定邻居。

（3）network　网络号：将本自治域内的网络注入 BGP 网络路由。

（4）redistribute　其他路由协议：指示注入其他路由。

（5）synchronization：指示与自治系统内的邻居（IBGP）同步。

**例 3.10**　在如图 3-12 所示的拓扑图中实现 BGP 功能，其中 R1 和 R4 组成一个自治系统，AS 编号为 100，R2 和 R3 组成另一个自治系统，AS 编号为 101，R3 和 R4 内部各有 3 个网段。各路由器相互连接使用的端口和端口地址如图所标示。本示例在 GNS3 环境下实现。

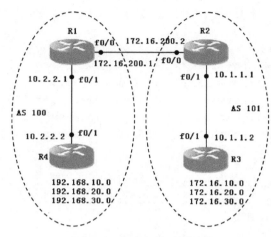

图 3-12　BGP 示例拓扑图

路由器 R4 的配置如下：

```
R4(config)# interface FastEthernet0/1
R4(config-if)# ip address 10.2.2.2 255.255.255.252
R4(config-if)#no shut
R4(config-if)#exit
R4(config)# router bgp 100
R4(config-router)# network 10.2.2.0 mask 255.255.255.252
R4(config-router)# network 192.168.10.0 mask 255.255.255.0
R4(config-router)# network 192.168.20.0 mask 255.255.255.0
R4(config-router)# network 192.168.30.0 mask 255.255.255.0
R4(config-router)# neighbor 10.2.2.1 remote-as 100
```

路由器 R1 的配置如下：

```
R1(config)#interface FastEthernet0/0
R1(config-if)#ip address 172.16.200.1 255.255.255.252
R1(config-if)#no shut
R1(config-if)#exit
R1(config)#interface FastEthernet0/1
R1(config-if)#ip address 10.2.2.1 255.255.255.252
R1(config-if)#no shut
R1(config-if)#exit
R1(config)#router bgp 100
R1(config-router)#network 172.16.200.0 mask 255.255.255.252
R1(config-router)#neighbor 10.2.2.2 remote-as 100
R1(config-router)#neighbor 172.16.200.2 remote-as 101
```

路由器 R2 的配置如下：

```
R2(config)#interface FastEthernet0/0
R2(config-if)#ip address 172.16.200.2 255.255.255.252
R2(config-if)#no shut
R2(config-if)#exit
R2(config)#interface FastEthernet0/1
R2(config-if)#ip address 10.1.1.1 255.255.255.252
R2(config-if)#no shut
R2(config-if)#exit
R2(config)#router bgp 101
R2(config-router)#network 10.1.1.0 mask 255.255.255.252
R2(config-router)#network 172.16.200.0 mask 255.255.255.252
R2(config-router)#neighbor 10.1.1.2 remote-as 101
R2(config-router)#neighbor 172.16.200.1 remote-as 100
```

路由器 R3 的配置如下：

```
R3(config)#interface FastEthernet0/1
R3(config-if)#ip address 10.1.1.2 255.255.255.252
R3(config-if)#no shut
R3(config-if)#exit
R3(config)#router bgp 101
R3(config-router)#network 10.1.1.0 mask 255.255.255.252
R3(config-router)#network 172.16.10.0 mask 255.255.255.0
R3(config-router)#network 172.16.20.0 mask 255.255.255.0
R3(config-router)#network 172.16.30.0 mask 255.255.255.0
R3(config-router)#neighbor 10.1.1.1 remote-as 101
```

在 R4 上查看 BGP 邻居信息：

```
R4#show ip bgp neighbors
BGP neighbor is 10.2.2.1, remote AS 100, internal link
  BGP version 4, remote router ID 172.16.200.1
  BGP state = Established, up for 00:03:32
  Last read 00:00:32, last write 00:00:32, hold time is 180, keepalive
       interval is 60 seconds
  Neighbor capabilities:
    Route refresh: advertised and received(old & new)
    Address family IPv4 Unicast: advertised and received
  Message statistics:
    InQ depth is 0
    OutQ depth is 0
                     Sent       Rcvd
    Opens:            1          1
    Notifications:    0          0
    Updates:          1          2
    Keepalives:       6          6
    Route Refresh:    0          0
    Total:            8          9
  Default minimum time between advertisement runs is 0 seconds
```

测试 R4 到 R3 的连通性：

```
R4#ping 10.1.1.2

Type escape sequence to abort.
Sending 5, 100-byte ICMP Echos to 10.1.1.2, timeout is 2 seconds:
!!!!!
Success rate is 100 percent (5/5), round-trip min/avg/max = 44/56/84 ms
```

在 R1 上查看 BGP 汇总信息：

```
R1#show ip bgp summary
BGP router identifier 172.16.200.1, local AS number 100
BGP table version is 6, main routing table version 6
3 network entries using 360 bytes of memory
4 path entries using 208 bytes of memory
4/3 BGP path/bestpath attribute entries using 496 bytes of memory
1 BGP AS-PATH entries using 24 bytes of memory
0 BGP route-map cache entries using 0 bytes of memory
0 BGP filter-list cache entries using 0 bytes of memory
Bitfield cache entries: current 3 (at peak 3) using 96 bytes of memory
BGP using 1184 total bytes of memory
BGP activity 3/0 prefixes, 4/0 paths, scan interval 60 secs

Neighbor        V  AS MsgRcvd MsgSent  TblVer  InQ OutQ Up/Down  State/PfxRcd
10.2.2.2        4 100       9      10       6    0    0 00:04:50           1
172.16.200.2    4 101      20      20       6    0    0 00:10:20           2
```

# 习题 3

3.1　什么是静态路由？请简要说明静态路由的优缺点。

3.2　什么是默认路由？请简要叙述默认路由的意义和使用场合。

3.3　路由器配置如下，请说明每一步配置的含义。

（1）router(config)#interface s0/0

（2）router(config-if)#no shutdown

（3）router(config-if)#clock rate 64000

（4）router(config-if)#ip address 192.168.1.1 255.255.255.0

3.4　路由器 RouterA 配置如下，请说明每一步配置的含义。

（1）RouterA#configure terminal

（2）RouterA(config)#ip route 192.168.1.0 255.255.255.0 10.0.0.2

（3）RouterA(config)#ip route 0.0.0.0 0.0.0.0 serial 0/1

（4）RouterA(config)#exit

（5）RouterA#show ip route

3.5　简述 RIP 协议的配置步骤及注意事项。

3.6　有如下网络拓扑图，请配置静态路由，并测试网络的连通性。

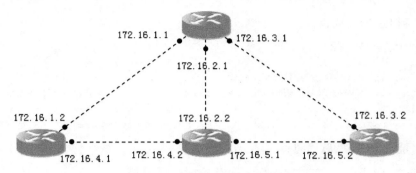

172. 16. 1. 1　　172. 16. 3. 1
172. 16. 2. 1
172. 16. 1. 2　　172. 16. 2. 2　　172. 16. 3. 2
172. 16. 4. 1　172. 16. 4. 2　172. 16. 5. 1　172. 16. 5. 2

图 3-13　习题 3.6 的网络拓扑图

3.7　简述 OSPF 协议的配置步骤及注意事项。

3.8　对图 3-13 所示的拓扑图，请配置 RIP 路由，并测试网络的连通性。

3.9　对图 3-13 所示的拓扑图，请配置单区域 OSPF 路由，并测试网络的连通性。

3.10　简述 OSPF 路由的区域划分及意义。

3.11　简述 BGP 协议提供报文的种类及作用。

# 第4章　VLAN及其应用

VLAN是一个在物理网络上根据用途、工作组、应用等来逻辑划分的局域网络，与用户所在的物理位置没有关系。VLAN通过将较大的网络划分为一些较小的网段，可以控制广播风暴，改善网络性能，便于管理，以及提高网络通信的安全性。本章介绍VLAN的概念，VLAN的管理与使用、交换机端口的工作模式、Cisco设备实现VLAN信息传递的专用技术VTP、生成树协议STP和MSTP，最后对网络中主机获取地址的DHCP协议进行了介绍。通过对本章的学习，应该掌握VLAN的基本配置，VLAN间通信的几种实现方法，VTP配置，STP配置，以及主机通过DHCP技术获取地址的几种实现方法。

## 4.1　VLAN的基本原理

### 4.1.1　VLAN概述

VLAN（Virtual LAN）即"虚拟局域网"，是物理网络上由一些拥有共同需求的设备所构成的与其物理位置无关的一个逻辑组。从系统角度来说，这一组逻辑设备不需要考虑用户的物理位置，而是根据功能、需求、应用等因素将设备从逻辑上划分为一个个相对独立的工作组。从用户角度来说，一个VLAN与一个物理上的LAN为用户提供相同的功能。

在交换式以太网中，连接到交换机上的计算机将构成一个广播域，随着广播域内计算机数量的增多，广播帧的数量也会急剧增加，网络的传输效率将明显下降。如果由于节点故障而产生广播风暴，则导致其他节点无法传输数据。因此，当网络内的计算机达到一定数量后，就必须将一个大的广播域分隔成若干个小的广播域，以减小广播可能造成的损害。

如何分隔较大的广播域呢？最简单的方案就是物理分隔，即将一个完整的网络物理分隔成两个或者多个子网络，再通过一个能够隔离广播的路由设备将彼此连接起来。另一种方法则是在交换机上采用逻辑分隔的方式，将一个大的局域网划分为若干个较小的虚拟子网，即VLAN，从而使每一个VLAN都将作为一个单独的广播域，而不同VLAN之间，广播信息是相互分割的，这样一个较大的物理网络就可以分割成多个较小的广播域。

VLAN本质上是一个逻辑上独立的IP子网，VLAN之间进行通信也需要通过路由设备。在交换机上划分VLAN以后，属于不同VLAN的设备不能直接通信，类似于划分成了不同的物理子网。也就是说，连接在同一个交换机上，但处于不同VLAN的设备，就像处于不同物理子网的设备一样，彼此之间的通信必须通过具有路由功能的第三层设备实现。

VLAN技术的优点主要体现在以下几个方面：

（1）增加了网络部署的灵活性。一个单位内部的变动可能会导致人员的移动或者增减，其中很多变动涉及需要重新布线，重新配置网络设备，重新分配IP地址等，由此会引发较大的网络管理成本，甚至影响网络的服务质量等问题。若借助于VLAN技术，将不同地点的不同用户根据功能、需求、应用等组合在一起，形成一个虚拟的LAN，就像使用物理上的

LAN 一样方便、灵活、高效。采用 VLAN 技术可以降低用户由于物理位置变动带来的管理开销，尤其对于一些人事或者业务情况经常变动的单位，使用 VLAN 可以大大降低工作量。

（2）限制广播域的范围，抑制广播风暴。当一个广播域内的设备增加时，在广播域内设备的广播频率便会相应增加，这不仅会对广播域中的其他设备造成干扰，而且还容易引发广播风暴，使网络性能下降。划分 VLAN 可以限制一个广播域中的设备数量。一个 VLAN 就是一个独立的广播域，其广播的数据报不会传送到其他 VLAN 中。采用将网络划分为多个VLAN 的方法，可以限制广播的覆盖范围，减少广播流量，为用户的流量让出带宽，有效地防范了广播风暴。

（3）增强网络通信的安全性。如果一个 LAN 中含有具有敏感或保密性质数据的设备，那么网络管理员就需要限制无权限的用户对网络中这些重要设备的访问。但是如果所有的设备都处于同一个广播域内，将不便于管理员实现这种控制。如果采用 VLAN 技术将网络划分为几个不同的广播域，就可以很方便地限制数据的访问。由于各个 VLAN 之间的报文传输是相互隔离的，VLAN 间的通信必须经过第三层设备，网络管理员可以在第三层设备上设定安全控制策略来限制 VLAN 间的互访，从而保证网络通信的安全。

## 4.1.2　VLAN 的划分

VLAN 在交换机上的实现方法，可以大致分为 3 类。

### 1. 基于端口

这种划分 VLAN 的方法是根据以太网交换机的端口来划分的，例如交换机的端口 1～4 为 VLAN 10，端口 5～17 为 VLAN 20，端口 18～24 为 VLAN 30，当然，这些属于同一 VLAN 的端口可以不连续，如何配置，由管理员决定。如果有多个交换机，例如，可以指定交换机 1 的端口 1～6 和交换机 2 的端口 1～4 为同一 VLAN，即同一 VLAN 可以跨越多个以太网交换机，根据端口划分是目前定义 VLAN 的最广泛使用的方法，IEEE 802.1Q 规定了依据以太网交换机的端口来划分 VLAN 的国际标准。

这种划分方法的优点是，定义 VLAN 成员时非常简单，只要将所有的端口都只定义一遍就可以了。它的缺点是，如果某个 VLAN 的用户离开了原来的端口，到了一个新的交换机的某个端口，就必须重新定义。

### 2. 基于 MAC 地址

这种划分 VLAN 的方法是根据每个主机的 MAC 地址来划分的，即对每个 MAC 地址的主机都配置它属于哪个组。

这种划分 VLAN 的方法最大的优点就是当用户的物理位置移动时，即从一个交换机换到另外一台交换机时，VLAN 不用重新配置，所以，可以认为这种根据 MAC 地址的划分方法是基于用户的 VLAN。该方法的缺点是初始化时，所有的用户都必须进行配置，如果有几百个甚至上千个用户的话，配置工作量非常大。而且这种划分的方法也导致了交换机执行效率降低，因为在每一个交换机的端口都可能存在很多个 VLAN 组的成员，这样就无法限制广播包了。另外，如果用户的网卡进行了更换，管理员就要重新配置。

## 3. 基于 IP 地址

这种划分 VLAN 的方法是根据每个主机的网络层地址或协议类型（如果支持多协议）来划分的，虽然这种划分方法根据网络地址（如 IP 地址）划分，但它不是路由，与网络层的路由毫无关系。该方法虽然查看每个数据包的 IP 地址，但由于不是路由，所以没有 RIP、OSPF 等路由协议，而是根据生成树算法进行交换。

这种方法的优点是即使用户的物理位置改变了，也不需要重新配置所属的 VLAN，而且可以根据协议类型来划分 VLAN，这对网络管理者来说很重要。此外，这种方法不需要附加的帧标签来识别 VLAN，这样可以减少网络的通信量。缺点是效率低，因为检查每一个数据包的网络层地址需要消耗处理时间（相对于前面两种方法），一般的交换机芯片都可以自动检查网络上数据包的以太网帧头，但要让芯片能检查 IP 帧头，则需要更高的技术，同时也更费时。当然，这与各个厂商的实现方法有关。

常用的 VLAN 划分方法是基于端口和基于 IP 地址相结合的方法，某几个端口为一个 VLAN，并为该 VLAN 配置 IP 地址，与这些端口相连接的计算机就以这个地址为网关。在这种方式下，一台交换机可以使用多个 VLAN，同时一个 VLAN 也可以在多台交换机上使用。

交换机中 VLAN 的使用很灵活，一台交换机的不同端口可以分配不同的 VLAN，同时，一个 VLAN 也可以分布在多台交换机中，如图 4-1 和图 4-2 所示。

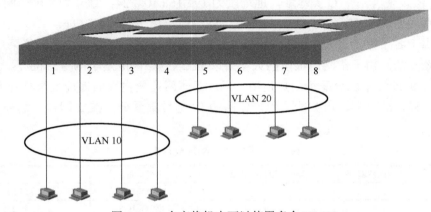

图 4-1　一台交换机中可以使用多个 VLAN

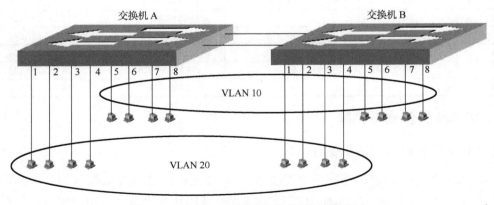

图 4-2　一个 VLAN 可以分布在多台交换机中

根据 IP 地址来划分 VLAN 实际上就是划分子网的过程，根据实际应用环境，可以采用定长或不定长子网掩码来进行划分。按照定长子网掩码划分的子网，每个子网的大小是相等的，子网掩码也是相等的，表 4-1 所示是一个 C 类地址的定长划分示例。

表 4-1 C 类地址的子网划分情况（使用固定长度子网）

| 子网号的位数 | 子网掩码 | 子 网 数 | 每个子网可用 IP 数 |
|---|---|---|---|
| 1 | 255.255.255.128 | 2 | $126 = 128 - 2$ |
| 2 | 255.255.255.192 | 4 | $62 = 64 - 2$ |
| 3 | 255.255.255.224 | 8 | $30 = 32 - 2$ |
| 4 | 255.255.255.240 | 16 | $14 = 16 - 2$ |
| 5 | 255.255.255.248 | 32 | $6 = 8 - 2$ |
| 6 | 255.255.255.252 | 64 | $2 = 4 - 2$ |

在表 4-1 中，子网数是根据子网所占用的位数计算出来的，若子网所占用的位数有 $n$ 位，则子网数就是 $2^n$。表中的"子网号的位数"没有 0、7 和 8 这三种情况，因为这没有意义。

不定长子网划分，顾名思义就是每个子网的长度（大小）不是固定的，可以不相等，这就意味着每个子网所使用的子网掩码可能是不同的，即所谓的可变长子网掩码（VLSM），它具有很强的灵活性，还可以在一定程度上解决 IP 地址浪费的问题。

例 4.1 假设现有 1 个 C 类地址，地址段为 192.168.10.0/24，划分为 8 个子网，各子网的主机数分别为 5、5、13、26、25、28、52、58，请给出子网划分过程。

本例中由于各子网的计算机数量不等，因此不能采用定长划分方法，只能采用 VLSM 不定长子网划分法。由于子网地址段的大小必须是 $2^n$，其中 $n$ 是子网号的位数，并且子网中全 0 和全 1 的地址不能分配给用户使用，因此各子网需要占用的地址数量分别为 8、8、16、32、32、32、64、64，可分配给用户使用的 IP 地址数量分别减 2 即可。划分的情况如表 4-2 所示。

表 4-2 不定长子网划分示例

| 子 网 | IP 地址需求 | 可使用的 IP 数量 | 子网地址 | 掩 码 |
|---|---|---|---|---|
| 1 | 5 | 6 | 192.168.10.0 | 255.255.255.248 |
| 2 | 5 | 6 | 192.168.10.8 | 255.255.255.248 |
| 3 | 13 | 14 | 192.168.10.16 | 255.255.255.240 |
| 4 | 26 | 30 | 192.168.10.32 | 255.255.255.224 |
| 5 | 25 | 30 | 192.168.10.64 | 255.255.255.224 |
| 6 | 28 | 30 | 192.168.10.96 | 255.255.255.224 |
| 7 | 52 | 62 | 192.168.10.128 | 255.255.255.192 |
| 8 | 58 | 62 | 192.168.10.192 | 255.255.255.192 |

### 4.1.3 VLAN 的创建与删除

#### 1. Cisco 交换机的 VLAN 规则

Cisco 交换机出厂时已经存在一个 VLAN，即 VLAN 1，是 Cisco 默认的 VLAN，用户可以不使用，但不能删除。VLAN 1002～1005 用于 FDDI 和令牌环，不能删除。用户创建的 VLAN 其编号只能介于 2～1001 之间。

## 2．Cisco 交换机创建 VLAN 的方法

（1）进入 VLAN 数据库创建 VLAN

```
Switch#vlan database
Switch(vlan)#vlan 编号 name 名称
```

创建 VLAN 时必须为其分配唯一的编号，VLAN 名称可以省略。

（2）在全局配置模式下创建 VLAN

```
Switch(config)#vlan 编号
```

## 3．Cisco 交换机删除 VLAN 的方法

（1）进入 VLAN 数据库删除 VLAN

```
Switch#vlan database
Switch(vlan)#no vlan 编号
```

（2）在全局配置模式下删除 VLAN

```
Switch(config)#no vlan 编号
```

## 4.1.4　交换机端口工作模式

### 1．交换机端口的两种模式

（1）access 模式

如果某端口连接的是计算机，此时该端口只允许一个 VLAN 通过，则将该端口设置为 access 模式。

```
Switch(config)#interface 端口                 //进入端口配置
Switch(config-if)#switchport mode access      //设置端口为 access 模式
Switch(config-if)#switchport access vlan 编号  //配置端口可以存取的 vlan
```

其中，交换机端口的命名规则是槽位号加端口号，如 f2/1 表示 2 号槽位的 1 号端口。

（2）trunk 模式（干道模式）

如果某端口连接的是另一台交换机或者路由器，且该端口允许多个 VLAN 通过，则将该端口设置为 trunk 模式。三层交换机端口默认为 access 模式，如果允许所有 VLAN 通过，或者在 trunk 模式下，允许某几个 VLAN 通过，则需要对该端口进行协议封装，Cisco 交换机一般采用 802.1q 协议，简写为 dot1q。

```
Switch(config)#interface 端口
Switch(config-if)#switchport trunk encapsulation dot1q    //协议封装
Switch(config-if)#switchport mode trunk           //配置端口为 trunk 模式
Switch(config-if)#switchport trunk allowed vlan 编号//配置允许通过的 vlan
Switch(config-if)#switchport trunk allowed vlan add 50    //增加允许通过的 vlan
```

如果允许多个 VLAN 通过，编号之间需用"，"隔开。如果允许所有的 VLAN 都可以通过，则只需要使用以下一条命令即可。

```
Switch(config-if)#switchport mode trunk
```

### 2．把 VLAN 分配给交换机端口

VLAN 创建好之后，需要与交换机的端口关联起来，这样基于端口的 VLAN 才会生效，关联的方法如上所述。

## 4.1.5 使用 VLAN 的流程

一般来说，要在交换机中使用 VLAN，有以下三个步骤：

第一步，创建 VLAN，创建 VLAN 的方法如 4.1.3 节所述。

第二步，给 VLAN 配置 IP 地址，方法如下：

```
Switch(config)#interface vlan 10        //以 vlan 10 为例
Switch(config-if)#ip address 192.168.10.254 255.255.255.0
```

这里给 VLAN 配置的地址应该是该网段内的一个可用地址，而不是该网段的网络号。以网段 192.168.10.0/24 为例，该网段的地址范围是 192.168.10.0～192.168.10.255，但其中的 192.168.10.0 作为该网段的网络号，不能作为 IP 地址来分配，192.168.10.255 是广播地址，也不能分配，因此可用地址是 192.168.10.1～192.168.10.254。在给 VLAN 配置 IP 地址时，配置可用地址中的任何一个都可以，即 192.168.10.1～192.168.10.254 中的任意一个地址都行，但一般来说，更习惯于把网段的第一个或者最后一个可用地址配置给 VLAN。另外，配置给 VLAN 的地址将作为用户计算机的默认网关。

第三步，为 VLAN 分配交换机端口，也就是把 VLAN 与交换机端口关联起来，如下所示：

```
Switch(config)#interface f0/0
Switch(config-if)#switchport access vlan 10
```

上述命令表示端口 f 0/0 可以使用 vlan 10，该端口下连接的计算机使用 vlan 10 中的 IP 地址。

## 4.1.6 VLAN 间通信

VLAN 之间不能直接进行通信，必须通过路由器或者第三层交换机实现通信。VLAN 间路由是通过路由器或者第三层交换机从一个 VLAN 向另一个 VLAN 转发网络流量的过程。VLAN 之间通信时，即使属于不同 VLAN 的通信双方连接在同一台交换机上，也必须经过"发送方—交换机—路由设备—交换机—接收方"的流程来实现通信。如图 4-3 所示，VLAN 10 的 PC0 要将数据送至 VLAN 20 的 PC1，必须按照图中所示方向进行通信。下面简单介绍 VLAN 间路由的几种实现方法。

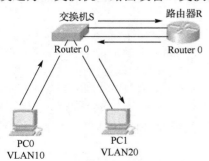

图 4-3　VLAN 间通信

### 1．单臂路由

如果手边只有二层交换机和路由器，没有三层交换机，却要实现 VLAN 间的通信，就可以使用单臂路由功能。单臂路由是指路由器通过单个物理接口来实现 VLAN 间流量的转发。使用单臂路由方式时，

无论 VLAN 数量多少，路由器与交换机之间都只需要一条物理链路，数据的接收与转发都由这条链路来承担，因此形象地称为单臂路由。这条物理链路就是一条中继线，与这条物理链路连接的交换机端口需要设置为 trunk 模式。

利用单臂路由实现 VLAN 间的通信，首先需要先了解三层交换机的工作原理。理论上说，一台三层交换机可以看作是由一台二层交换机加一个路由模块构成的，实际上各个厂商也是通过将路由模块内置于二层交换机中来实现三层交换机的功能的。在传输数据包时先把数据包发给这个路由模块，由路由模块提供路径，然后再由交换模块转发这个数据包。当手边只有二层交换机和路由器时，这台路由器就相当于三层交换机的路由模块，只是将它放到了二层交换机的外部而已。

配置单臂路由的方法是：在路由器上设置多个逻辑子接口，每个子接口对应于一个 VLAN，并分配 IP 地址作为该 VLAN 的网关。由于物理路由接口只有一个，各子接口的数据在物理链路上传递要进行协议封装。Cisco 设备支持 ISL 和 802.1q 协议，华为设备只支持 802.1q。

**例 4.2**　单臂路由的配置示例（本示例在 Cisco PT 环境下实现）。在模拟器的拓扑区增加 1 台 2960 二层交换机，1 台 Cisco 2621 路由器和 2 台计算机，如图 4-4 所示。PC1、PC2 分别与交换机端口 f0/1 和 f0/2 连接。路由器接口 f0/0 与交换机的 f0/24 端口连接。实验过程中计算机的配置参数参考表 4-3，路由器 f0/0 的子接口 f0/0.1 和 f0/0.2 的配置参数参考表 4-4。

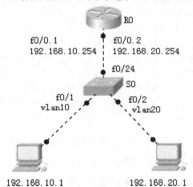

图 4-4　单臂路由实现 VLAN 间通信

表 4-3　主机配置参数

| 主　机 | IP 地 址 | 子网掩码 | 默认网关 |
| --- | --- | --- | --- |
| PC1 | 192.168.10.1 | 255.255.255.0 | 192.168.10.254 |
| PC2 | 192.168.20.1 | 255.255.255.0 | 192.168.20.254 |

表 4-4　路由器接口配置参数

| R0 的逻辑子接口 | IP 地 址 | 子网掩码 |
| --- | --- | --- |
| f0/0.1 | 192.168.10.254 | 255.255.255.0 |
| f0/0.2 | 192.198.20.254 | 255.255.255.0 |

（1）交换机的配置

在交换机 S0 上创建 VLAN 10 和 VLAN 20，并为其分配成员端口。这里将端口 f0/1 分配给 VLAN 10，将端口 f0/2 分配给 VLAN 20。

```
Switch#vlan database            //进入 VLAN 数据库创建 VLAN
Switch(vlan)#vlan 10
Switch(vlan)#vlan 20
Switch(vlan)#exit
Switch#configure terminal
Switch(config)#inter f0/1
Switch(config-if)#switchport mode access      //交换机的接口默认为access 模式
Switch(config-if)#switchport access vlan 10   //f0/1接口允许 vlan 10 通过
Switch(config-if)#inter f0/2
Switch(config-if)#switchport access vlan 20 //f0/2接口允许 vlan 20 通过
Switch(config-if)#inter f0/24
Switch(config-if)#switchport mode trunk      //trunk 模式允许所有vlan通过
Switch(config-if)#exit
```

在交换机 S0 执行"show vlan brief"命令，查看 VLAN 的配置结果，确保端口配置正确。

（2）路由器的配置

为路由器子接口配置 IP 地址，不同的子接口关联不同的 VLAN。由于路由器不识别 VLAN，因此需要通过协议封装来识别 VLAN 的标签，配置子接口 IP 地址时，不同子接口配置的 IP 地址必须不同，每个子接口配置的 IP 地址就是 VLAN 的地址。

```
Router#configure terminal
Router(config)#inter f0/0
Router(config-if)#no shutdown
Router(config-if)#inter f0/0.1
Router(config-subif)#encapsulation dot1q 10
Router(config-subif)#ip add 192.168.10.254 255.255.255.0
Router(config-subif)#inter f0/0.2
Router(config-subif)#encapsulation dot1q 20
Router(config-subif)#ip add 192.168.20.254 255.255.255.0
Router(config-subif)#exit
```

在路由器上查看路由表，路由表中有两条路由，一条通往连接到子接口 f0/0.1 的 192.168.10.0 网络，另一条通往连接到子接口 f0/0.2 的 192.168.20.0 网络。这时若路由器收到发往网络 192.168.10.0 的数据包，会根据第一条路由，将该数据包从子接口 f0/0.1 发送出去。

```
Router#show ip route
Codes: C - connected, S - static, I - IGRP, R - RIP, M - mobile, B - BGP
       D - EIGRP, EX - EIGRP external, O - OSPF, IA - OSPF inter area
       N1 - OSPF NSSA external type 1, N2 - OSPF NSSA external type 2
       E1 - OSPF external type 1, E2 - OSPF external type 2, E - EGP
       i - IS-IS, L1 - IS-IS level-1, L2 - IS-IS level-2, ia - IS-IS inter area
       * - candidate default, U - per-user static route, o - ODR
       P - periodic downloaded static route

Gateway of last resort is not set

C    192.168.10.0/24 is directly connected, FastEthernet0/0.1
C    192.168.20.0/24 is directly connected, FastEthernet0/0.2
```

（3）VLAN 间通信测试

参考表 4-3 为计算机 PC1 和 PC2 配置 IP 地址。其中，PC1 的 IP 地址为 192.168.10.1/24

子网内地址，网关为路由器的子接口 f0/0.1 的 IP 地址，PC2 的 IP 地址为 192.168.20.1/24 子网内地址，网关为路由器的子接口 f0/0.2 的 IP 地址。测试主机 PC1 和 PC2 之间的连通性。PC1 和 PC2 可以相互 ping 通，即已实现了 VLAN 间的通信。

```
PC>ping 192.168.20.1

Pinging 192.168.20.1 with 32 bytes of data:

Reply from 192.168.20.1: bytes=32 time=0ms TTL=127
Reply from 192.168.20.1: bytes=32 time=3ms TTL=127
Reply from 192.168.20.1: bytes=32 time=1ms TTL=127
Reply from 192.168.20.1: bytes=32 time=0ms TTL=127

Ping statistics for 192.168.20.1:
    Packets: Sent = 4, Received = 4, Lost = 0 (0% loss),
Approximate round trip times in milli-seconds:
    Minimum = 0ms, Maximum = 3ms, Average = 1ms
```

**2．三层交换机实现 VLAN 间的通信**

由于三层交换机拥有路由模块，所以很容易实现 VLAN 间的通信，只要在三层交换机上开启路由功能即可。

**例 4.3**　利用三层交换机实现 VLAN 间通信的配置示例（本示例在 Cisco PT 环境下实现）。在模拟器的拓扑区增加 1 台 3560 三层交换机、2 台 2960 二层交换机和 2 台计算机。如图 4-5 所示，PC1、PC2 分别与两台二层交换机端口 f0/1 连接。两个二层交换机的端口 f0/24 分别与三层交换机的端口 f0/1 和端口 f0/2 连接。实验过程中 VLAN 的配置参数参考表 4-5，PC1 的 IP 地址配置为 192.168.10.1，掩码为 255.255.255.0，网关为 192.168.10.254，PC2 的 IP 地址配置为 192.168.20.1，掩码为 255.255.255.0，网关为 192.168.20.254。

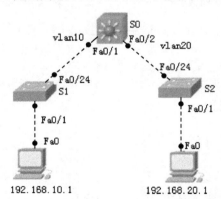

图 4-5　三层交换机实现 VLAN 间通信

表 4-5　VLAN 配置参数

| VLAN 名称 | IP 地 址 | 子网掩码 | 关联端口 |
| --- | --- | --- | --- |
| vlan10 | 192.168.10.254 | 255.255.255.0 | S0 的 f0/1 |
| vlan20 | 192.168.20.254 | 255.255.255.0 | S0 的 f0/2 |

（1）三层交换机 S0 的配置

```
Switch#vlan database
Switch(vlan)#vlan 10
Switch(vlan)#vlan 20
Switch(vlan)#exit
Switch# configure terminal
Switch(config)#inter vlan 10
Switch(config-if)#ip add 192.168.10.254 255.255.255.0
Switch(config-if)#inter vlan 20
Switch(config-if)#ip add 192.168.20.254 255.255.255.0
Switch(config-if)#inter f0/1
Switch(config-if)# switchport trunk encapsulation dot1q
Switch(config-if)#switchport mode trunk
Switch(config-if)#switchport trunk allowed vlan 10    //只允许 vlan 10 通过
Switch(config-if)#inter f0/2
Switch(config-if)# switchport trunk encapsulation dot1q
Switch(config-if)#switchport mode trunk
Switch(config-if)#switchport trunk allowed vlan 20    //只允许 vlan 20 通过
Switch(config-if)#exit
Switch(config)#ip routing        //打开三层交换机的路由功能
```

Cisco 的三层交换机在默认情况下没有开启三层路由功能，需要用 "ip routing" 命令手工打开路由功能。

（2）二层交换机 S1 的配置

```
Switch#vlan database
Switch(vlan)#vlan 10
Switch(vlan)#exit
Switch#configure terminal
Switch(config)#inter f0/24
Switch(config-if)#switchport mode trunk
Switch(config-if)#inter f0/1
Switch(config-if)#switchport access vlan 10
Switch(config-if)#exit
```

（3）二层交换机 S2 的配置

```
Switch#vlan database
Switch(vlan)#vlan 20
Switch(vlan)#exit
Switch# configure terminal
Switch(config)#inter f0/24
Switch(config-if)#switchport mode trunk
Switch(config-if)#inter f0/1
Switch(config-if)#switchport access vlan 20
Switch(config-if)#exit
```

测试主机 PC1 和 PC2 之间的连通性，PC1 和 PC2 之间可以相互 ping 通，即已实现 VLAN 间的通信。也可以在 PC2 上通过 "tracert" 命令跟踪到 PC1 的路由。

## 4.2　VLAN 中继协议

从 4.1.6 节的例 4.3 中可以看出，在二层交换机上使用的 VLAN 虽然在三层交换机上已经创建过，但在二层交换机上还要创建一次。对于一个大型的网络来说可能有成百上千台交换机，而一台交换机又可以使用多个 VLAN，如果仅凭网络工程师手工配置的话工作量会非常庞大，日后维护也很困难。为了减小工作量和便于维护，Cisco 交换机引入了 VTP 的概念。

要使用 VTP，首先必须建立一个 VTP 管理域，在同一管理域中的交换机共享 VLAN 信息，并且一台交换机只能参加一个管理域。不同域中的交换机不能共享 VLAN 信息。

在一个管理域内，把一台交换机配置成 VTP server，其余交换机配置成 VTP client，这样 client 可以自动学习到 server 上的 VLAN 信息。也就是说，只需要在 server 上创建 VLAN，client 上不需要做任何重复性的工作。

VTP 配置命令如下：

```
Switch#vlan database
Switch(vlan)#vtp domain 域的名称      //创建 VTP 域
Switch(vlan)#vtp {client|server}      //设置 VTP 模式，交换机默认 server 模式
Switch(vlan)#vtp password 密码        //设置 VTP 密码
Switch#show vtp status                //查看 VTP 运行状态
```

**例 4.4**　VTP 示例（本示例在 Cisco PT 环境下实现）。网络结构拓扑图如图 4-6 所示，VLAN 和地址配置与例 4.3 中的相同。

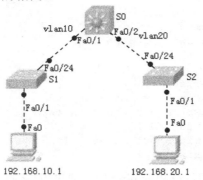

图 4-6　VTP 示例

（1）三层交换机 S0 的配置

```
Switch#vlan database
Switch(vlan)#vlan 10
Switch(vlan)#vlan 20
Switch(vlan)#vtp domain abc          //创建域名为 abc 的 VTP 域
Switch(vlan)#vtp server              //设置为 server 模式
Switch(vlan)#vtp password 123456     //设置 VTP 密码为 123456
Switch(vlan)#exit
Switch#conf t
Switch(config)#inter vlan 10
Switch(config-if)#ip add 192.168.10.254 255.255.255.0
Switch(config-if)#inter vlan 20
Switch(config-if)#ip add 192.168.20.254 255.255.255.0
```

```
Switch(config-if)#inter f0/1
Switch(config-if)# switchport trunk encapsulation dot1q
Switch(config-if)#switchport mode trunk
Switch(config-if)#switchport trunk allowed vlan 10
Switch(config-if)#inter f0/2
Switch(config-if)# switchport trunk encapsulation dot1q
Switch(config-if)#switchport mode trunk
Switch(config-if)#switchport trunk allowed vlan 20
Switch(config-if)#exit
Switch(config)#ip routing
Switch(config)#exit
```

（2）二层交换机 S1 的配置

```
Switch#vlan database
Switch(vlan)#vtp domain abc            //使用与 S0 相同的域
Switch(vlan)#vtp client                //设置为 client 模式
Switch(vlan)#vtp password 123456       //VTP 密码应与 S0 设置的密码保持一致
Switch(vlan)#exit
Switch#conf t
Switch(config)#inter f0/24
Switch(config-if)#switchport mode trunk
Switch(config-if)#switchport trunk allowed vlan 10
Switch(config-if)#inter f0/1
Switch(config-if)#switchport access vlan 10
Switch(config-if)#exit
```

（3）二层交换机 S2 的配置

```
Switch#vlan database
Switch(vlan)#vtp domain abc
Switch(vlan)#vtp client
Switch(vlan)#vtp password 123456
Switch(vlan)#exit
Switch#conf t
Switch(config)#inter f0/24
Switch(config-if)#switchport mode trunk
Switch(config-if)#switchport trunk allowed vlan20
Switch(config-if)#inter f0/1
Switch(config-if)#switchport access vlan20
Switch(config-if)#exit
```

经测试，PC1 与 PC2 之间可以相互 ping 通。通过 VTP 协议使得 VTP client（S1 和 S2）可以学习到 VTP server（S0）中的 VLAN 信息，交换机 S1 和 S2 可以直接使用在 S0 中创建的 VLAN，自己就不需要再创建了。

需要指出的是，VTP 协议是 Cisco 的私有协议，其他厂家的设备不支持。

# 4.3　生成树协议

## 4.3.1　STP/RSTP

### 1. STP

搭建网络时，为了保证网络中的某个设备或某条链路出现故障时不影响局域网的正常通信，常常对关键设备和关键链路进行冗余配置。但如果网络设计不合理，冗余的设备和链路可能会构成交换环路，从而引发诸多问题。例如，数据链路层网络的环路会引发广播风暴，同一帧的多次复制，以及交换机转发表不稳定等。

生成树协议（Spanning Tree Protocol，STP）是一个数据链路层管理协议，目的是在二层物理网络上通过阻塞一个或多个冗余端口，维护一个无回路的网络。STP 利用网桥协议数据单元（Bridge Protocol Data Unit，BPDU）与其他交换机进行协商，从而确定哪个交换机该阻断哪个接口。STP 起源于 DEC 公司的"网桥到网桥"协议，IEEE 802 委员会制订了生成树协议系列标准 IEEE 802.1D。STP 中的网桥就是交换机。

由此可知，引入 STP 的目的是为了解决网络中由于线路或者设备故障导致的网络不通问题，而解决的手段是引入冗余链路。

1）STP 术语

为了理解 STP 的工作原理，首先介绍一些 STP 术语。

网桥协议数据单元（Bridge Protocol Data Unit，BPDU）：BPDU 分为"配置 BPDU"和"拓扑变更通告 BPDU"两种类型。交换机每隔 2 秒会向网络发送配置 BPDU 报文，根据这些报文，交换机可以判断自己的位置并设置端口的工作状态。拓扑变更通告 BPDU 用于通知所有交换机快速老化其转发表并重新计算生成树。

网桥号（Bridge ID，BID）：BID 用于标识网络中的交换机。生成树协议中的 BID 包括两部分：第一部分是优先级，占 2 字节，范围是 0～65535，默认值是 32768；第二部分是交换机 MAC 地址（一般为背板 MAC 地址），占 6 字节。

根网桥（Root Bridge）：具有最小网桥号的交换机将成为根网桥。整个网络中只能有一个根网桥，其他网桥称为非根网桥。

指定网桥（Designated Bridge）：网络中的每个网段要选出一个指定网桥，负责收发本网段的数据包。指定网桥到根网桥的累计路径代价最小。

根端口（Root Port）：非根网桥需要选择一个端口作为根端口。端口代价最小的成为根端口；端口代价相同，Port ID 最小的端口成为根端口，Port ID 通常为端口的 MAC 地址，MAC 地址最小的端口成为根端口，交换机通过根端口和根网桥通信。

指定端口（Designated Port）：非根网桥还要为连接的每个网段选出一个指定端口，一个网段的指定端口是指该网段到根网桥累计路径代价最小的端口。该网段通过此端口向根网桥发送数据包。对于根网桥来说，其每个端口都是指定端口。一个网段的指定端口所在的交换机就是该网段的指定网桥。

非指定端口（Non Designated Port）：除根端口和指定端口外的所有其他端口都是非指定端口。这些端口处于阻塞状态，不允许转发任何用户数据。

2）端口开销（代价）

IEEE 802.1D 规定各种类型的端口开销如表 4-6 所示。

3）STP 工作过程

STP 协议的任务就是在网络的第二层维护一个树状的网络拓扑。当交换机发现网络中存在环路时，它通过逻辑方法将一个或者几个端口阻塞来断开环路，使得任何两台交换机之间只有一条唯一的通路，达到既冗余又无环的目的，如图 4-7 所示。同时，当网络拓扑发生变化时，运行 STP 协议的交换机会自动重新配置端口，以避免产生环路。

**表 4-6  端口开销**

| 端口类型 | 开销值 |
|---|---|
| 10Gbit/s | 2 |
| 1Gbit/s | 4 |
| 100Mbit/s | 19 |
| 10Mbit/s | 100 |

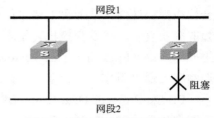

图 4-7  通过端口阻塞断开环路

（1）选举根网桥

根据 IEEE 802.1D 标准，网络中只有一个交换机被标明为根网桥。交换机之间通过相互交换配置 BPDU 来确定根网桥。

初始启动时，每台交换机都假定自己是根网桥，把自己的网桥号保存为当前的根网桥号，并周期性地从自己所有可用的端口发送配置 BPDU（以 Bridge Group Address 为目的地址），在其中声明自己是根网桥（包括根网桥 BID）。

当某个交换机收到由其他交换机发送的配置 BPDU 时，比较其中的根网桥号与自己保存的根网桥号。如果 BPDU 中根网桥的 BID 比自己保存的根网桥 BID 小，则以该网桥为根网桥，记录其 BID；同时，向除接收端口外的其他所有可用端口发送配置 BPDU，在其中声明当前自己所认为的根网桥。如果 BPDU 中的根网桥 BID 比自己保存的根网桥 BID 大，则从接收 BPDU 的端口发送配置 BPDU，并在其中声明当前自己保存的根网桥。若当前交换机不是根网桥，它将不再周期性发送根网桥声明。

最后，具有最小网桥号的交换机将成为网络中的根网桥。

在进行 BID 比较时，先比较网桥的优先级，优先级值较小的交换机成为根网桥；当优先级的值相等时，再比较交换机的 MAC 地址，MAC 地址小的为根网桥。

（2）选举根端口

在每个非根网桥上都要选举一个端口作为该网桥的根端口。选举的依据是该网桥上所有端口接收根网桥发出的 BPDU 的累计开销大小，其中开销最小的端口成为该网桥的根端口。如果开销相等，则比较端口 ID（Port ID），端口 ID 最小的端口成为根端口。

（3）选举指定端口

每个物理网段都要选举一个指定端口，以交换机发出的 BPDU 到达根网桥的累计开销最小的端口作为指定端口。

同时 802.1D 规定，根网桥上的所有端口都是指定端口，根端口不参加指定端口的选举，每个物理网段只需要选举一个指定端口即可。

**例 4.5**  以图 4-8 所示的网络拓扑为例，分析根网桥、根端口、指定端口的选举过程。各交换机之间全部使用 100Mbps 以太网接口连接。

（1）选举根网桥

由于在该网络中所有交换机都使用默认的优先级（32768），因此优先级相等。继续比较交换机的 MAC 地址，因为交换机 S1 的 MAC 地址最小，所以交换机 S1 成为根网桥。

（2）选举根端口

由于根端口是在非根网桥上选举的，因此只需要在 S2、S3 和 S4 三台交换机上选举即可，S1 上不需要选举根端口。

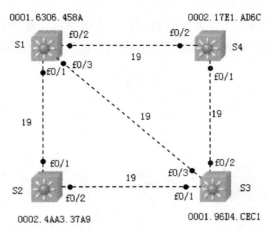

图 4-8　根网桥、根端口、指定端口的选举示例

① S2 上根端口的选举：S2 的 f0/1 端口接收根网桥 BPDU 的开销为 19，f0/2 端口接收根网桥 BPDU 的开销为 38，所以 S2 的 f0/1 端口成为根端口。

② S3 上根端口的选举：S3 的 f0/3 端口接收根网桥 BPDU 的开销为 19，f0/1、f0/2 端口接收根网桥 BPDU 的开销均为 38，所以 S3 的 f0/3 端口成为根端口。

③ S4 上根端口的选举：S4 的 f0/2 端口接收根网桥 BPDU 的开销为 19，f0/1 端口接收根网桥 BPDU 的开销为 38，所以 S4 的 f0/2 端口成为根端口。

（3）选举指定端口

由于 802.1D 规定根网桥上的所有端口都是指定端口，而每个物理网段只需要选举一个指定端口即可，因此从根网桥到其他交换机的直连网段不需要进行指定端口的选举，即 S1 的 f0/1 端口到 S2 的 f0/1 端口的网段不需要指定端口的选举，S1 的 f0/2 端口到 S4 的 f0/2 端口的网段不需要指定端口的选举，S1 的 f0/3 端口到 S3 的 f0/3 端口的网段不需要指定端口的选举。这样，整个网络指定端口的选举只需要在以下两个网段进行就可以了：

① S2 的 f0/2 端口到 S3 的 f0/1 端口的网段指定端口的选举：由于交换机 S2 发出的 BPDU 到达根网桥的开销为 19，S3 发出的 BPDU 到达根网桥的开销也为 19，即开销相等，因此比较交换机的 BID；由于 S3 的 BID 小于 S2 的 BID，因此 S3 的 f0/1 端口成为该网段的指定端口。

② S3 的 f0/2 端口到 S4 的 f0/1 端口的网段指定端口的选举：由于交换机 S3 发出的 BPDU 到达根网桥的开销为 19，S4 发出的 BPDU 到达根网桥的开销也为 19，开销相等，因此比较交换机的 BID；由于 S3 的 BID 小于 S4 的 BID，因此 S3 的 f0/2 端口成为该网段的指定端口。

图 4-8 所示的网络经过端口选举以后，交换机 S2 的 f0/2 端口和 S4 的 f0/1 端口属于阻塞端口，处于阻塞状态的端口不允许转发用户数据包，这样原网络经过一系列选举后就形成了一棵无环的生成树，如图 4-9 所示。

（4）端口的状态

交换机上的端口可处于下列五种状态之一：阻塞、侦听、学习、转发和禁用。

① 阻塞状态（Blocking）：处于阻塞状态的端口不参与帧的转发，也就避免了由于网络存在环路而引起的报文重复。在此状态下，交换机端口只接收 BPDU 报文并按生成树协议

处理，但不进行转发表学习。当协议定时器超时，或交换机任意端口接收到配置 BPDU 时，阻塞的端口进入侦听状态。交换机初始化时所有端口总是处于阻塞状态。

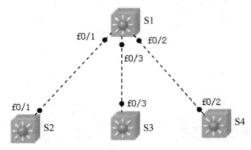

图 4-9　产生的生成树

② 侦听状态（Listening）：处于侦听状态的端口被暂时禁止用户帧转发，以防止网络中存在临时环路，属于过渡状态。此时，端口接收 BPDU 报文并按生成树协议处理，不进行转发表学习，因为网络拓扑还不稳定。协议定时器超时后，端口从侦听状态转入学习状态。

③ 学习状态（Learning）：处于学习状态的端口仍被禁止用户帧转发，丢弃从所有网段中接收到的帧，丢弃与其他转发端口交换的帧，但交换机将进行转发表学习。端口接收 BPDU 报文并按生成树协议处理。协议定时器超时后，端口进入转发状态。

④ 转发状态（Forwarding）：在转发状态下，端口开始转发用户数据帧（同时进行转发表学习）。端口也接收 BPDU 报文并按生成树协议处理。

⑤ 禁用状态（Disabled）：处于禁用状态的端口不参与生成树计算，也不参与用户帧转发。当一个端口无外接链路、被管理性关闭时，它将处于禁用状态。事实上，禁用状态不是正常的生成树协议状态，而是一种资源浪费。

端口所处的状态时间取决于 BPDU 计时器。只有根网桥的交换机才能发送信息来调整计时器。转发延迟、最大老化时间等因素决定了 STP 的性能和状态转换。各种状态的转换过程如图 4-10 所示。

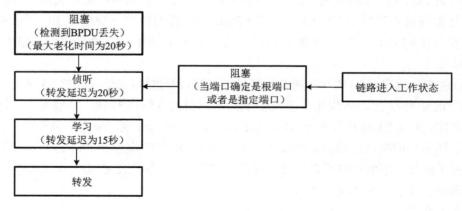

图 4-10　STP 的各种状态的转换和计时

（5）重新计算生成树

由于设备或链路故障导致网络拓扑结构变化后，需要重新计算网络的生成树。

非根网桥交换机侦测到端口失效（拓扑变化）时，会通过拓扑变更通告 BPDU 通知根网桥；而根网桥在收到拓扑变更通告，或自己侦测到拓扑变化时，会在其周期性发送的配置 BPDU 中包含拓扑变更指示，从而通知所有交换机重新计算生成树。

若根网桥发生故障，则其他交换机将无法周期性地接收到根网桥发送的配置 BPDU 报文，从而导致生成树状态超时，这也会引发生成树的重新计算。

（6）STP 存在的主要问题

当网络拓扑结构发生变化时，新的配置消息要经过一定的时延才能传播到整个网络，该时延称为 Forward Delay，STP 协议默认的 Forward Delay 值是 15 秒。在所有网桥收到该变化的消息之前，若某个端口在旧拓扑结构中处于转发状态，而在新拓扑结构中应该处于非转发状态，但是该端口还没有来得及发现自己状态的变化，就会导致临时环路。

为了解决临时环路的问题，STP 使用了一种定时器策略，即在端口从阻塞状态到转发状态中间加上一个只学习 MAC 地址但不参与转发的中间状态，两次状态切换的时间长度都是 Forward Delay，这样就可以保证在拓扑变化时不会产生临时环路。但是，这个看似良好的解决方案实际上带来的却是至少两倍 Forward Delay 的收敛时间，这在某些实时业务（如语音视频）中是不能接受的。

简言之，STP 协议在应对较大的网络拓扑结构发生变化时，会导致较长的收敛时间。

## 2．RSTP

为了解决 STP 收敛速度慢的缺陷，IEEE 制定了 802.1w 协议标准的快速生成树协议 RSTP，该标准对 STP 做了以下改进，以加快收敛速度。

1）RSTP 对 STP 的改进措施

（1）为根端口和指定端口分别定义了替换端口和备用端口两种角色，以实现端口状态的快速切换。当根端口失效时，替换端口立即成为新的根端口，并立即进入转发状态（无时延）；同样地，当指定端口失效时，备用端口立即成为新的指定端口，并无时延地立即进入转发状态。

（2）在直连式点对点链路中，指定端口只需要与对端网桥进行一次握手就立即进入转发状态。

（3）直接与终端连接的端口被定义为边缘端口，边缘端口可以直接进入转发状态，不需要时延。

2）RSTP 存在的问题

通过上述改进以后，新的 RSTP 协议确实可以加快网络的收敛速度，并且 RSTP 兼容 STP，可以混合组网。但 RSTP 的基础是 STP，其自身的缺陷是无法克服的，主要表现在以下几个方面，这些缺陷 STP 也有。

（1）由于 RSTP 和 STP 都是单生成树协议，整个网络只有一棵生成树，因此，当网络较大时，仍然会有较长的收敛时间。

（2）当网络结构不对称时，会影响网络的连通性。

在如图 4-11 所示的拓扑结构中，交换机 S1 的 f0/1 端口与交换机 S2 的 f0/1 端口所在的链路 trunk 了 vlan 10 和 vlan 20，由 S1 的 f0/2 端口与 S2 的 f0/2 端口构成的另一条链路只允许互通 vlan 20，两条链路是非对称链路。如果某时刻上面的链路断了，则数据包不能从上面的链路传输，此时使用 vlan 20 的用户不受影响，可以正常通信，但交换机 S1 和 S2 两边使用 vlan 10 的用户将无法通信。

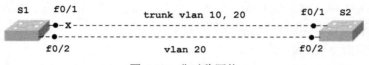

图 4-11　非对称网络

（3）在正常情况下，被阻塞的链路不承载任何用户数据流量，这些链路基本上处于闲置状态，会造成链路的浪费。

### 4.3.2　PVST/PVST+

为了解决 STP 和 RSTP 存在的问题，Cisco 提出了 PVST 和 PVST+两种生成树协议。

#### 1．PVST

PVST（Per VLAN Spanning Tree），意为每个 VLAN 一棵生成树，以保证每个 VLAN 在网络中都不存在环路。PVST 对 BPDU 进行了较大的修改，使得 PVST 与 STP 和 RSTP 完全不兼容，不能混合组网。为了解决 PVST 与 STP/RSTP 的连接问题，Cisco 又提出了 PVST+版本。

#### 2．PVST+

PVST+（Per VLAN Spanning Tree Plus）是 PVST 的增强型版本，其基本思想是 VLAN 1 运行 STP，其他的 VLAN 运行 PVST，并且 PVST+与 STP/RSTP 可以互通。

PVST 和 PVST+的最大好处是实现了二层链路上的负载均衡。

#### 3．PVST/PVST+存在的问题

（1）由于每个 VLAN 一棵生成树，因此整个网络中 BPDU 的通信量会很大。

（2）当 VLAN 较多时，交换机在计算生成树时会使得 CPU 承担很大的工作量。

（3）PVST 和 PVST+都是 Cisco 的私有协议，其他厂商不支持，不同厂商的设备在这种模式下不能直接通信，这就极大地限制了它的推广应用。

### 4.3.3　MSTP

为了解决在 STP 的发展中遇到的各种问题，IEEE 在 802.1s 中又提出了一个新的协议标准 MSTP（Multiple Spanning Tree Protocol），即多生成树协议。由于该协议有很多优点，并且是 IEEE 标准，因此得到众多厂商的支持和广泛的应用。

#### 1．MSTP 的基本原理

MSTP 把整个网络划分为若干区域，每个区域可以有若干实例，每个实例关联多个 VLAN。也就是说，MSTP 将多个 VLAN 捆绑进一个实例，每个实例创建一棵生成树。

STP/RSTP 是基于网络的，整个网络一棵生成树。PVST/PVST+是基本 VLAN 的，每个 VLAN 一棵生成树。MSTP 是基于实例的，每个实例包含多个 VLAN，每个实例一棵生成树。

### 2. MSTP 的优点

MSTP 相对于早期的 STP 和 PVST 协议，具有明显的优势，主要包括以下几点：

（1）由于 VLAN 被捆绑进实例中，而生成树又是基于实例的，因此 MSTP 在消除 VLAN 环路的同时，具有负载均衡的能力。

（2）由于多个 VLAN 被捆绑进实例中，以此构建生成树，因此相对于 PVST 来说，大大减少了 BPDU 的通信量，节省交换机的 CPU 资源。

（3）兼容 STP/RSTP，可以实现混合组网。

（4）是 IEEE 的标准协议，所有厂家都支持。

### 3. MSTP 的基本配置命令

（1）开启生成树协议：

```
spanning-tree
```

（2）切换到 MSTP 工作模式：

```
spanning-tree mode mstp
```

（3）设置某个实例在当前交换机中的优先级：

```
spanning-tree mst 实例号 priority 优先级的值
```

其中，"实例号"是网络中规划的实例编号，是一个整数。"优先级的值"是为某个实例在本交换机中设定的优先级，以 4096 为单位。

（4）进入 MST 配置模式，并配置 MST 的相关参数：

```
spanning-tree mst configuration
    instance 实例号 vlan 编号 1, …, 编号 k      //将若干 vlan 捆绑进当前实例
    name 区域名称
    revision  修订号
```

修订号的取值范围是 0～65535，默认值为 0。

在 MSTP 的配置中，同一区域中的所有交换机应保证以下三方面的一致性，它们共同确定交换机所属的 MST 域：

① 区域名称的一致性；

② 实例及实例关联的 VLAN 的一致性；

③ 修订号的一致性。

### 4. MSTP 配置实例

**例 4.6**　假设由 4 台交换机构成的带冗余链路的网络如图 4-12 所示，整个网络有 vlan 10，vlan 20，vlan 30 和 vlan 40，共 4 个 VLAN。现要求全网只有 1 个区域（名称为 area1），包含 2 个实例。实例 1 包含 vlan 10 和 vlan 30，实例 2 包含 vlan 20 和 vlan 40。

交换机 S1 作为实例 1 的根，交换机 S2 作为实例 2 的根。

由于 Cisco PT 和 GNS3 两款模拟器都不支持 MSTP，因此该案例只能在真实设备上实现。

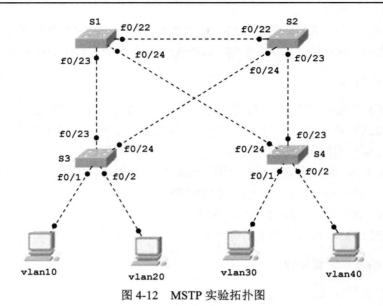

图 4-12　MSTP 实验拓扑图

交换机 S1 的配置如下：

```
S1#vlan database
S1(vlan)#vlan 10
S1(vlan)#vlan 20
S1(vlan)#vlan 30
S1(vlan)#vlan 40
S1(vlan)#exit
S1 (config)#inter range f0/22 - 24
S1(config-if-range)#switchport mode trunk
S1(config-if-range)#exit
S1(config)#spanning-tree
S1(config)#spanning-tree mode mstp
S1(config)#spanning-tree mst 1 priority 4096        //S1 为实例 1 的根
S1(config)#spanning-tree mst configuration
S1(config-mst)#name area1
S1(config-mst)#instance 1 vlan 10,30
S1(config-mst)#instance 2 vlan 20,40
S1(config-mst)#revision 1
S1(config-mst)#exit
```

查看 S1 上 MSTP 的配置：

```
S1 #show spanning-tree mst configuration
Multi spanning tree protocol : Enabled
Name : area1
Revision : 1
Instance Vlans Mapped
------------------------------------------------------------------
0 1-9,11-19,21-29,31-39,41-4094
1 10,30
2 20,40
```

显示的结果表明，在交换机 S1 上有 3 个实例，实例编号分别为 0、1 和 2，实例 0 是系统本身存在的默认实例，初始情况下所有 VLAN 都属于实例 0。本例中创建了 2 个实例，实例 1 包含 vlan 10 和 vlan 30，实例 2 包含 vlan 20 和 vlan 40。

交换机 S2 的配置如下：

```
S2#vlan database
S2(vlan)#vlan 10
S2(vlan)#vlan 20
S2(vlan)#vlan 30
S2(vlan)#vlan 40
S2(vlan)#exit
S2(config)#inter range f0/22 - 24
S2(config-if-range)#switchport mode trunk
S2(config-if-range)#exit
S2(config)#spanning-tree
S2(config)#spanning-tree mode mstp
S2(config)#spanning-tree mst 2 priority 4096  //S2 作为实例 2 的根
S2(config)#spanning-tree mst configuration
S2(config-mst)#name area1
S2(config-mst)#instance 1 vlan 10,30
S2(config-mst)#instance 2 vlan 20,40
S2(config-mst)#revision 1
S2(config-mst)#exit
```

查看 S2 上 MSTP 的配置：

```
S2 #show spanning-tree mst configuration
Multi spanning tree protocol : Enabled
Name : area1
Revision : 1
Instance Vlans Mapped
-------- -------------------------------------------------------------
0 1-9,11-19,21-29,31-39,41-4094
1 10,30
2 20,40
```

交换机 S3 的配置如下：

```
S3#vlan database
S3(vlan)#vlan 10
S3(vlan)#vlan 20
S3(vlan)#vlan 30
S3(vlan)#vlan 40
S3(vlan)#exit
S3(config)#inter range f0/23 - 24
S3(config-if-range)#Switchport mode trunk
S3(config-if-range)#exit
S3(config)#inter f0/1
S3(config-if)#Switchport access vlan 10
S3(config)#inter f0/2
S3(config-if)#Switchport access vlan 20
S3(config-if)#exit
S3(config)#spanning-tree
S3(config)#spanning-tree mode mstp
```

```
S3(config)#spanning-tree mst configuration
S3(config-mst)#name area1
S3(config-mst)#instance 1 vlan 10,30
S3(config-mst)#instance 2 vlan 20,40
S3(config-mst)#revision 1
S3(config-mst)#exit
```

交换机 S4 的配置如下：

```
S4#vlan database
S4(vlan)#vlan 10
S4(vlan)#vlan 20
S4(vlan)#vlan 30
S4(vlan)#vlan 40
S4(vlan)#exit
S4(config)#inter range f0/23 - 24
S4(config-if-range)#Switchport mode trunk
S4(config-if-range)#exit
S4(config)#inter f0/1
S4(config-if)#Switchport access vlan 30
S4(config)#inter f0/2
S4(config-if)#Switchport access vlan 40
S4(config-if)#exit
S4(config)#spanning-tree
S4(config)#spanning-tree mode mstp
S4(config)#spanning-tree mst configuration
S4(config-mst)#name area1
S4(config-mst)#instance 1 vlan 10,30
S4(config-mst)#instance 2 vlan 20,40
S4(config-mst)#revision 1
S4(config-mst)#exit
```

查看交换机 S1 上实例 1 的特性：

```
S1#show spanning-tree mst 1
###### MST 1 vlans mapped : 10,30
BridgeAddr : 0090.0CD7.8290
Priority : 4096
TimeSinceTopologyChange : 0a:9h:13m:10s
TopologyChanges : 0
DesignatedRoot : 100100900CD78290
RootCost : 0
RootPort : 0
```

显示结果中的第二行是交换机 S1 的 MAC 地址 0090.0CD7.8290，第三行表示实例 1 在
交换机 S1 中的优先级为 4096，第六行中的后 12 位是 MAC 地址，此处显示的是 S1 自身的
MAC 地址，这说明 S1 是实例 1 的生成树的根交换机。

查看交换机 S2 上实例 2 的特性：

```
S2#show spanning-tree mst 2
###### MST 2 vlans mapped : 20,40
BridgeAddr : 00D0.9749.CB39
Priority : 4096
TimeSinceTopologyChange : 0a:9h:16m:17s
TopologyChanges : 0
```

```
DesignatedRoot : 100200D09749CB39
RootCost : 0
RootPort : 0
```

结果表明，交换机 S2 的 MAC 地址为 00D0.9749.CB39，实例 2 在交换机 S2 中的优先级为 4096，S2 是实例 2 的生成树的根交换机。

查看交换机 S3 上实例 1 的特性：

```
S3#show spanning-tree mst 1
###### MST 1 vlans mapped : 10,30
BridgeAddr : 0002.4A07.528A
Priority : 32768
TimeSinceTopologyChange : 0a:9h:20m:32s
TopologyChanges : 0
DesignatedRoot : 100100900CD78290
RootCost : 200000
RootPort : Fa0/23
```

结果中的第六行后 12 位的 MAC 地址是交换机 S1 的 MAC 地址，说明对 S3 而言，实例 1 的生成树的根交换机是 S1。最后一行表明，对实例 1 而言，交换机 S3 的根端口是 F0/23。

查看交换机 S3 上实例 2 的特性：

```
S3#show spanning-tree mst 2
###### MST 2 vlans mapped : 20,40
BridgeAddr : 0002.4A07.528A
Priority : 32768
TimeSinceTopologyChange : 0a:9h:22m:11s
TopologyChanges : 0
DesignatedRoot : 100200D09749CB39        //实例 2 的生成树的根交换机是 S2
RootCost : 200000
RootPort : Fa0/24                         //对实例 2 而言，S3 的根端口是 F0/24
```

# 4.4　动态主机配置协议 DHCP

## 4.4.1　DHCP 概述

在小型网络中，网络管理员可以采用手工的方式给用户分配 IP 地址，然而在大、中型网络环境下，可能会有成百上千台主机，手工分配 IP 地址的方法就不太适合了。为此，引入了一种高效的 IP 地址分配方法，即动态主机配置协议（Dynamic Host Configuration Protocol，DHCP）。该协议基于客户/服务器（Client/Server，C/S）工作模式，DHCP 服务器为 DHCP 客户机分配 IP 地址和提供主机配置参数。

采用 DHCP 技术的优点有：效率高；方便、灵活，移动性强；IP 地址冲突少；便于管理，当网段发生变化时，对用户是透明的。

### 1．DHCP 客户机和 DHCP 服务器

（1）DHCP 客户机

DHCP 客户机就是网络中普通用户使用的计算机，其 IP 地址由 DHCP 服务器进行动态分配。

（2）DHCP 服务器

DHCP 服务器在网络中用于集中管理 IP 地址，完成用户 IP 地址的分配和回收。在一个网络中有一台或多台这样的服务器。

### 2．DHCP 协议的工作流程

（1）DHCP 发现

DHCP 客户机以广播方式发送一个 dhcpdiscover 数据包，在网络中寻找 DHCP 服务器。

（2）提供地址租约

网络中的 DHCP 服务器收到 dhcpdiscover 数据包后，就从尚未分配出去的 IP 地址中选择最小的 IP 地址，连同子网掩码、网关、DNS 地址等网络参数形成 dhcpoffer 数据包发送给 DHCP 客户机。

（3）DHCP 客户机选择地址租约

如果网络中存在多个 DHCP 服务器，则客户机会收到多个 dhcpoffer，DHCP 客户机一般会选择收到的第一个 dhcpoffer 作为自己的地址参数，并且会向网络发送一个 dhcprequest 广播，告诉所有 DHCP 服务器它将接收哪一台服务器提供的 IP 地址。

（4）IP 地址租用确认

当 DHCP 服务器收到 dhcprequest 信息之后，便向 DHCP 客户端发送一个单播的 dhcpack 信息，以确认 IP 租约的正式生效。

## 4.4.2　用计算机服务器提供 DHCP 服务

在局域网内实现 DHCP 功能可以有多种解决办法，其中之一就是利用计算机服务器向局域网内的 PC 用户提供 DHCP 服务，这样的计算机服务器可以是运行 Linux 的服务器，也可以是运行 Windows Server 的服务器。计算机服务器负责 IP 地址的分配与回收，客户机向服务器动态申请 IP 地址。

在 Cisco PT 模拟器中有计算机服务器可以使用，该服务器具备 DHCP 服务功能，配置也非常简单，但需要注意的是，在真实的服务器环境下与这里所使用的模拟器的服务器在开启 DHCP 功能和配置地址池等方面的操作有所不同。如果使用 Linux 服务器提供 DHCP 服务，可参考 Linux 有关 DHCP 的配置指南，如果使用 Windows Server 服务器提供 DHCP 服务，则需要参考 Windows Server 有关 DHCP 的配置指南。

例 4.7　使用计算机服务器提供 DHCP 服务的配置方法。在 PT 模拟器的工作区增加 Cataly 3560 交换机 1 台，计算机服务器 1 台，计算机 2 台。如图 4-13 所示，PC1、PC2 分别与交换机端口 f0/1、f0/2 连接，服务器与交换机的端口 f0/24 连接。

（1）服务器的配置

给计算机服务器手工配置 IP 地址 192.168.10.253，子网掩码为 255.255.255.0，网关为 192.168.10.254。同时，在计算机服务器上创建地址池：单击拓扑区中的服务器图标，单击"config"选项卡，再单击左边的"DHCP"按钮，打开 DHCP 配置对话框，如图 4-14 所示。默认情况下 DHCP 功能是关闭的，单击"On"单选按钮开启 DHCP 功能。在"Pool Name"处输入地址池的名称，如"V10"，并分别填写默认网关 192.168.10.254、DNS 服务地址（在模拟环境下任意输入一个地址都可以)、开始 IP 地址 192.168.10.1 和子网掩码 255.255.255.0。
最后单击"Save"按钮保存即可。

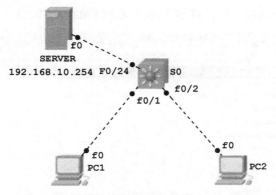

图 4-13 使用计算机服务器提供 DHCP 服务

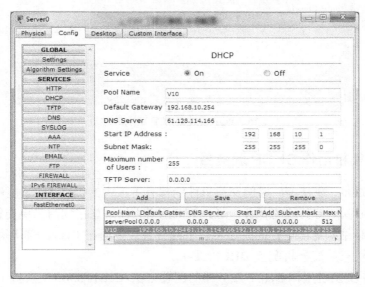

图 4-14 DHCP 服务器配置

（2）三层交换机 S0 的配置：

```
Switch#vlan database
Switch(vlan)#vlan 10
Switch(vlan)#exit
Switch#conf t
Switch(config)#inter vlan 10
Switch(config-if)#ip add 192.168.10.254 255.255.255.0
Switch(config-if)#inter f0/1
Switch(config-if)#switchport access vlan 10
Switch(config-if)#inter f0/2
Switch(config-if)#switchport access vlan 10
Switch(config-if)#inter f0/24
Switch(config-if)#switchport access vlan 10
Switch(config-if)#exit
```

（3）PC 地址的获取

单击 PC1 和 PC2 的"IP Configuration"选项卡下的"DHCP"选项，即可自动获取地址池中排列在最前面的 IP 地址。PC1 通过 DHCP 获取到的地址如图 4-15 所示。

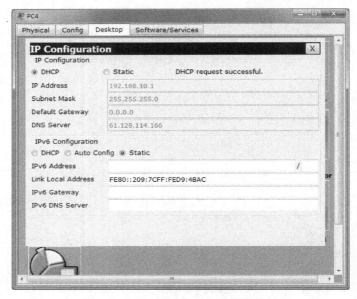

图 4-15　PC1 通过 DHCP 获取的地址

### 4.4.3　三层交换机用作 DHCP 服务器

由于技术的进步，现在各厂家的交换机性能都有了很大的提高，除了能够提供常规的交换业务以外，还可以支持其他的业务，如 DHCP 服务。如果直接利用三层交换机作为 DHCP 服务器，使得网络结构更简单，同时还可以节约资金。下面在 Cisco PT 环境下通过一个例子来学习如何利用三层交换机配置 DHCP 服务。

**例 4.8**　三层交换机用作 DHCP 服务器的配置方法。Cataly 3560 交换机 1 台，Cataly 2960 交换机 2 台，计算机 2 台。如图 4-16 所示，各交换机之间的连接以及 PC 与交换机的连接如图中标注所示。

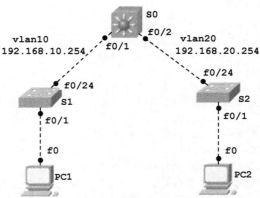

图 4-16　三层交换机用作 DHCP 服务器

（1）三层交换机 S0 的配置：

```
Switch#vlan database
Switch(vlan)#vlan 10
Switch(vlan)#vlan 20
Switch(vlan)#vtp domain abc
Switch(vlan)#vtp server
Switch(vlan)#vtp password 123456
Switch(vlan)#exit
Switch#conf t
Switch(config)#inter vlan 10
Switch(config-if)#ip add 192.168.10.254 255.255.255.0
Switch(config-if)#inter vlan 20
Switch(config-if)#ip add 192.168.20.254 255.255.255.0
Switch(config-if)#inter f0/1
Switch(config-if)#switchport trunk encapsulation dot1q
Switch(config-if)#switchport mode trunk
Switch(config-if)#switchport trunk allowed vlan 10
Switch(config-if)#inter f0/2
Switch(config-if)#switchport trunk encapsulation dot1q
Switch(config-if)#switchport mode trunk
Switch(config-if)#switchport trunk allowed vlan 20
Switch(config-if)#exit
Switch(config)#ip dhcp pool v10          //创建 v10 地址池
Switch(dhcp-config)#network 192.168.10.0 255.255.255.0      //设置地址段
Switch(dhcp-config)#default-router 192.168.10.254     //设置网关
Switch(dhcp-config)#dns-server 61.128.114.166        //设置 DNS 服务器地址
Switch(dhcp-config)#exit
Switch(config)#ip dhcp pool v20
Switch(dhcp-config)#network 192.168.20.0 255.255.255.0
Switch(dhcp-config)#default-router 192.168.20.254
Switch(dhcp-config)#dns-server 61.128.114.166
Switch(dhcp-config)#exit
```

（2）二层交换机 S1 的配置：

```
Switch#vlan database
Switch(vlan)#vtp domain abc
Switch(vlan)#vtp client
Switch(vlan)#vtp password 123456
Switch(vlan)#exit
Switch#conf t
Switch(config)#inter f0/24
Switch(config-if)#switchport mode trunk
Switch(config-if)#switchport trunk allowed vlan 10
Switch(config-if)#exit
Switch(config)#inter f0/1
Switch(config-if)#switchport access vlan 10
Switch(config-if)#exit
```

（3）二层交换机 S2 的配置：

```
Switch#vlan database
Switch(vlan)#vtp domain abc
Switch(vlan)#vtp client
```

```
Switch(vlan)#vtp password 123456
Switch(vlan)#exit
Switch#conf t
Switch(config)#inter f0/24
Switch(config-if)#switchport mode trunk
Switch(config-if)#switchport trunk allowed vlan 20
Switch(config-if)#inter f0/1
Switch(config-if)#switchport access vlan 20
Switch(config-if)#exit
```

（4）计算机地址的获取

在 PC1 或 PC2 中单击 "IP Configuration" 选项卡下的 "DHCP" 选项，即可自动获取地址池中排列在最前面的 IP 地址。

### 4.4.4　DHCP 中继

在大型网络中，可能会存在多个子网。DHCP 客户机通过发送广播消息来获得 DHCP 服务器的响应，从而得到 IP 地址。但广播消息是不能跨越子网的。因此，如果 DHCP 客户机和服务器在不同的子网内，DHCP 客户机就无法正常获取 IP 地址，这里，可以通过 DHCP 中继代理来解决。

Cisco 交换机中继代理命令：

```
ip helper-address 服务器地址      //配置 DHCP 服务器的 IP 地址
```

该命令需要配置在用户所使用的 VLAN 里面，用来告知该 VLAN 下的用户 PC 从哪台服务器获取 IP 地址。

**例 4.9**　DHCP 中继代理的配置示例（本示例在 Cisco PT 环境下实现）。Cataly 3560 交换机 1 台，计算机服务器 1 台，计算机 2 台。如图 4-17 所示，PC1、PC2 分别与交换机端口 f0/1、f0/2 连接，服务器与交换机的端口 f0/24 连接。

在本例中，利用计算机服务器来提供 DHCP 服务，服务器的 IP 地址段是 192.168.100.0/24，PC1 和 PC2 使用的 IP 地址段分别是 192.168.10.0/24 和 192.168.20.0/24，因此服务器与用户计算机 PC1 和 PC2 处于不同的网段，为了保证 PC 能够从 DHCP 服务器动态获取 IP 地址，就需要使用中继代理。

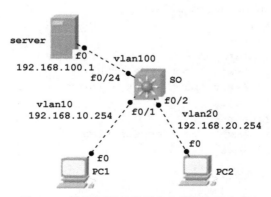

图 4-17　计算机服务器用作中继代理服务器

（1）对计算机服务器的配置

给计算机服务器手工配置 IP 地址 192.168.100.1，子网掩码为 255.255.255.0，网关为 192.168.100.254。同时，在计算机服务器上创建地址池 V10（默认网关为192.168.10.254，开始地址为 192.168.10.1，子网掩码为 255.255.255.0）和 V20（默认网关为192.168.20.254，开始地址为 192.168.20.1，子网掩码为 255.255.255.0），方法与例 4.7 相同，如图 4-18 所示。

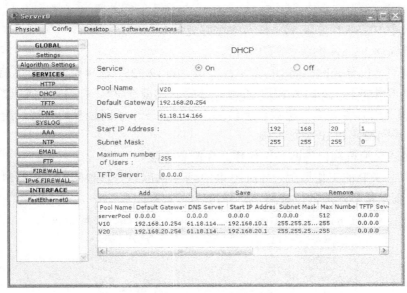

图 4-18　DHCP 网段配置

（2）三层交换机 S0 的配置：

```
Switch#vlan database
Switch(vlan)#vlan 100
Switch(vlan)#vlan 10
Switch(vlan)#vlan 20
Switch(vlan)#exit
Switch#conf t
Switch(config)#inter vlan 10
Switch(config-if)#ip add 192.168.10.254 255.255.255.0
Switch(config-if)#ip helper-address 192.168.100.1    //为vlan 10 配置中继代理
Switch(config-if)#inter vlan 20
Switch(config-if)#ip add 192.168.20.254 255.255.255.0
Switch(config-if)#ip helper-address 192.168.100.1    //为vlan 20 配置中继代理
Switch(config-if)#inter vlan 100
Switch(config-if)#ip add 192.168.100.254 255.255.255.0
Switch(config-if)#inter f0/1
Switch(config-if)#switchport access vlan 10
Switch(config-if)#inter f0/2
Switch(config-if)#switchport access vlan 20
Switch(config-if)#inter f0/24
Switch(config-if)#switchport access vlan 100
Switch(config-if)#exit
```

（3）PC 地址的获取

单击 PC1 或 PC2 的"IP Configuration"选项卡下的"DHCP"选项，即可自动获取地址池中排列在最前面的 IP 地址。

## 习题 4

4.1 什么是 VLAN？使用 VLAN 有哪些好处？

4.2 简要叙述 VLAN 的各种划分方法。

4.3 假设某单位分到的网络 IP 段为 211.200.200.128/25，该单位现有 5 个部门，每个部门的 IP 地址需求量如下：部门 A 需要 52 个，部门 B 需要 27 个，部门 C 需要 12 个，部门 D 需要 5 个，部门 E 需要 6 个。根据以上信息，请设计一个子网划分的方法，给出每个部门的子网地址、子网掩码和 IP 地址范围。

4.4 请简述交换机端口的两种工作模式和配置方法。

4.5 请简述 STP 的工作原理，并对图 4-19 所示的网络分析根网桥、根端口和指定端口的选举过程，画出最后形成的生成树。

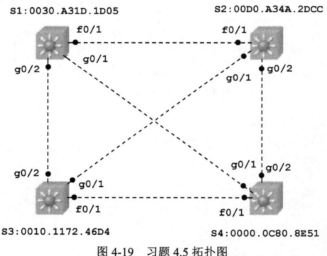

图 4-19 习题 4.5 拓扑图

4.6 什么是 MSTP？MSTP 相对于早期的 STP 协议有什么优点？

4.7 什么是 DHCP？简述 DHCP 的工作原理。

4.8 在 S0 中创建 VLAN 10、VLAN 20、VLAN 30 并配置 IP 地址，如 192.168.10.0/24、192.168.20.0/24、192.168.30.0/24，分别通过 VLAN 技术、VTP 技术实现 S0 与 S1 之间的互连，并且 S1 能够学习到 S0 中的 VLAN 配置信息，网络拓扑如图 4-20 所示。

4.9 利用三层交换机配置 VLAN 间通信，处于 VLAN 10，VLAN 20 中的计算机能够相互发送数据，网络拓扑如图 4-21 所示。

4.10 利用计算机服务器配置 DHCP 服务，实现 PC1、PC2、PC3 能够从 192.168.100.1 的 DHCP 服务器动态获取 IP 地址，网络拓扑如图 4-22 所示。

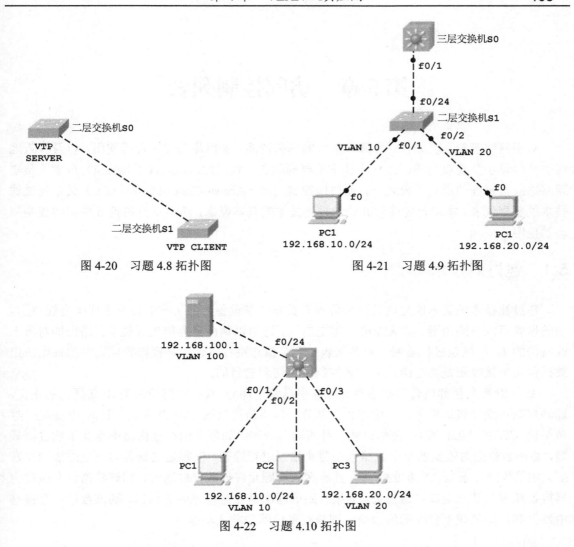

图 4-20　习题 4.8 拓扑图　　　　　　　　　图 4-21　习题 4.9 拓扑图

图 4-22　习题 4.10 拓扑图

4.11　利用三层交换机配置 DHCP 服务，实现 PC1、PC2、PC3、PC4 能够直接从交换机上动态获取 IP 地址，网络拓扑如图 4-23 所示。

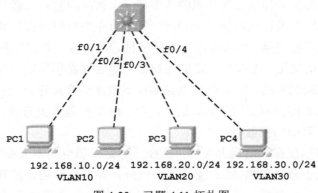

图 4-23　习题 4.11 拓扑图

# 第 5 章　访问控制列表

对于网络管理人员来说，保障本单位的网络资源（如网络带宽）合理使用，以及有效地保护网络设备免受攻击等，是一项非常重要的职责。包过滤（Packet Filtering）技术就是实现网络安全管理的重要手段之一，而访问控制列表（Access Control List，ACL）又是包过滤技术的典型代表。本章首先简要介绍包过滤技术的基本概念，然后重点讨论各种访问控制列表的使用。

## 5.1　包过滤技术

包过滤技术的基本原理就是网络管理人员预先在设备上定义一个命令序列作为规则，其中的设备可以是路由器、防火墙或三层交换机。这里以路由器为例进行说明。路由器对流入或流出的 IP 数据包进行监测，对数据包的包头信息进行审查，并根据预先定义的规则决定数据包是被接收还是被拒绝，以达到控制网络访问的目的。

每个 IP 数据包都包含包头信息和数据信息两个部分，其中数据信息是 IP 数据包的正文，过滤规则只检查包头信息，不检查正文部分。包头信息包括：源 IP 地址、目的 IP 地址、封装协议（TCP、UDP 等）、源端口号、目的端口号等。如果我们在路由器中定义了包过滤规则，路由器就会对收到的每个数据包的包头信息进行检查，以判定它是否与包过滤规则相匹配。如果找到一条与之匹配的命令，且定义的规则允许该数据包通过，则该数据包会被路由器接收或者从某一端口发送出去。如果找到的匹配命令是拒绝该数据包，则该数据包会被路由器丢弃。如果找不到匹配的命令，则执行路由器的默认动作。

## 5.2　访问控制列表概述

访问控制列表（ACL）是包过滤技术的典型应用。访问控制列表就是由网络管理人员编写的命令序列，并把它应用在路由器的接口下，这些命令序列用来告诉路由器哪些数据包可以接收，哪些数据包需要拒绝。接收或者拒绝的依据是路由器读取第三层及第四层包头中的信息，如源地址、目的地址、源端口、目的端口等，然后根据预先定义好的规则对包进行判定，从而达到访问控制的目的。它不仅可以起到控制网络流量和流向的作用，还可以在一定程度上保护网络设备和服务器免受攻击，因此，对于网络管理人员来说，学会灵活使用访问控制列表是一项必不可少的技能。

访问控制列表初期仅在路由器上支持，现在三层交换机也基本上都提供 ACL 支持，有些厂家的二层交换机也开始提供 ACL 支持了。此外，在路由器的许多其他配置任务中也需要使用访问控制列表，如网络地址转换 NAT 和 PAT、策略路由等很多场合都需要使用 ACL 来配合完成相关的任务。

访问控制列表有标准的访问控制列表、扩展的访问控制列表、命名的访问控制列表、基于时间的访问控制列表和反向控制列表等。

## 5.3　标准的访问控制列表

标准的访问控制列表是通过使用 IP 包中的源 IP 地址进行过滤，Cisco 的标准 ACL 命令格式如下：

```
access-list 表号 permit/deny 源地址 反向掩码
```

其中表号介于 1～99 之间。"permit" 和 "deny" 是动作，"permit" 表示允许通过，"deny" 表示拒绝。其中的反向掩码也称为通配符掩码，将正向掩码的二进制各位取反，再变换成十进制的形式就是反向掩码。也可以通过一个简单的计算来产生反向掩码，即用 255 去减十进制掩码的每一部分，结果就是反向掩码。例如，与正向掩码 255.255.255.0 对应的反向掩码是 0.0.0.255，再如，掩码 255.255.255.192 对应的反向掩码为 0.0.0.63。

当 "源地址" 只是一个单一的 IP 地址时有两种表示方法，一种表示方法是将反向掩码设置为 0.0.0.0；另一种表示方法是用 host + IP 地址的形式，后面不需要反向掩码。

例如，只允许或禁止一个单一地址 192.168.10.5 时，可表达为：

192.168.10.5　0.0.0.0 或者 host　192.168.10.5

ACL 配置好以后，要将它应用到某个接口才能起作用，否则没有意义。例如，将标号为 5 的访问控制列表应用到某接口下，需要在该接口下执行以下命令：

```
ip access-group 5 in/out
```

其中 in/out 为方向，至于是用 in 还是 out，要根据具体情况而定，以下的例子将会详细讨论。

例 5.1　路由器 R 的 f0/0 端口连接内网，f0/1 连接外网，网络结构如图 5-1 所示。现在要禁止 IP 地址为 192.168.10.2 的内网用户访问外网，其他用户都可以访问外网。本示例在 Cisco PT 环境下实现。

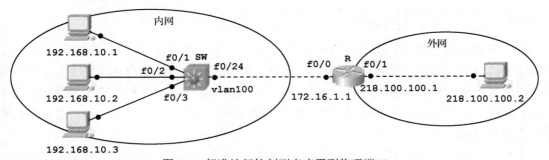

图 5-1　标准访问控制列表应用到物理端口

交换机的配置如下：

```
Switch(config)#vlan 10
Switch(config)#exit
Switch(config)#vlan 100
Switch(config)#exit
```

```
Switch(config)#interface vlan 10
Switch(config-if)#ip address 192.168.10.254 255.255.255.0
Switch(config)#interface vlan 100
Switch(config-if)#ip address 172.16.1.2 255.255.255.252
Switch(config-if)#interface f0/24
Switch(config-if)#switchport access vlan 100
Switch(config-if)#interface f0/1
Switch(config-if)#switchport access vlan 10
Switch(config-if)#interface f0/2
Switch(config-if)#switchport access vlan 10
Switch(config-if)#interface f0/3
Switch(config-if)#switchport access vlan 10
Switch(config-if)#exit
Switch(config)#ip routing
Switch(config)#router ospf 1
Switch(config-router)#network 172.16.1.0 0.0.0.3 area 0
Switch(config-router)#network 192.168.10.0 0.0.0.255 area 0
```

路由器的配置如下：

```
Router(config)#interface f0/0
Router(config-if)#no shut
Router(config-if)#ip address 172.16.1.1 255.255.255.252
Router(config)#interface f0/1
Router(config-if)#no shut
Router(config-if)#ip address 218.100.100.1 255.255.255.252
Router(config)#router ospf 1
Router(config-router)#network 172.16.1.0 0.0.0.3 area 0
Router(config-router)#network 218.100.100.0 0.0.0.3 area 0
Router(config)#access-list 1 deny host 192.168.10.2
Router(config)#access-list 1 permit any
Router(config)#interface f0/0
Router(config-if)#ip access-group 1 in
```

其中的控制列表语句为

```
Router(config)#access-list 1 deny host 192.168.10.2
Router(config)#access-list 1 permit any
```

　　第一条命令禁止 IP 地址为 192.168.10.2 的用户，第二条命令则允许所有的用户。由于 ACL 的执行规则是从上至下扫描，地址为 192.168.10.2 的用户数据包会与第一条命令相匹配，因此被拒绝。192.168.10.2 以外的用户数据包不会与第一条相匹配，路由器继续检查下一条，即第二条，由于第二条的规则是允许所有的数据包通过，因此 192.168.10.2 以外的数据包会顺利通过。

　　控制列表写好以后它不会自动起作用，只有把它应用到相应的接口才能生效。这里既可以把控制列表应用到路由器的 f0/0 接口，也可以把它应用到 f0/1。如果应用到 f0/0 接口，则方向为进入的方向，即 in 的方向：

```
Router(config)#interface  f0/0
Router(config-if)#ip access-group 1 in
```

　　如果应用到 f0/1 接口，则方向为出去的方向，即 out 的方向：

```
Router(config)#interface  f0/1
Router(config-if)#ip access-group 1 out
```

本例中使用的是 in 的方向，按上述配置好以后，在地址为 192.168.10.2 的主机上 ping 外网地址为 218.100.100.2 的主机，其结果如下：

```
PC>ping 218.100.100.2
Pinging 218.100.100.2 with 32 bytes of data:
Reply from 172.16.1.1: Destination host unreachable.
Reply from 172.16.1.1: Destination host unreachable.
Reply from 172.16.1.1: Destination host unreachable.
Reply from 172.16.1.1: Destination host unreachable.
```

显示结果为"目标主机不可达"，即无法 ping 通。在地址为 192.168.10.1 和 192.168.10.3 的主机上 ping 外网地址为 218.100.100.2 的主机，是可以 ping 通的，达到了预期的目的。

访问控制列表既可以应用于物理接口，也可应用到 VLAN 接口。下面的例子将把访问控制列表应用到 VLAN 中。

例 5.2　假设某单位有 5 个网段：192.168.10.0/24，192.168.20.0/24，192.168.30.0/24，192.168.40.0/24，192.168.50.0/24，分别对应 5 个 VLAN，即 vlan 10、vlan 20、vlan 30、vlan 40、vlan 50，其中 vlan 50 网段是服务器的网段，如图 5-2 所示。现要求实现 vlan 30 和 vlan 40 可以访问 vlan 50，但 vlan 10 和 vlan 20 不允许访问。本示例在 Cisco PT 环境下实现。

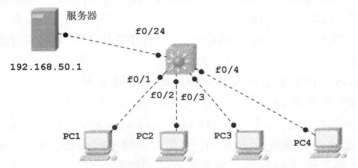

图 5-2　访问控制列表应用到 VLAN

交换机的主要配置如下：

```
Switch(config)#ip routing
Switch(config)#interface FastEthernet0/1
Switch(config-if)#switchport access vlan 10
Switch(config-if)#exit
Switch(config)#interface FastEthernet0/2
Switch(config-if)#switchport access vlan 20
Switch(config-if)#exit
Switch(config)#interface FastEthernet0/3
Switch(config-if)#switchport access vlan 30
Switch(config-if)#exit
Switch(config)#interface FastEthernet0/4
Switch(config-if)#switchport access vlan 40
Switch(config-if)#exit
Switch(config)#interface FastEthernet0/24
```

```
Switch(config-if)#switchport access vlan 50
Switch(config-if)#exit
Switch(config)#interface vlan10
Switch(config-if)#ip address 192.168.10.254 255.255.255.0
Switch(config-if)#exit
Switch(config)#interface vlan20
Switch(config-if)#ip address 192.168.20.254 255.255.255.0
Switch(config-if)#exit
Switch(config)#interface vlan30
Switch(config-if)#ip address 192.168.30.254 255.255.255.0
Switch(config-if)#exit
Switch(config)#interface vlan40
Switch(config-if)#ip address 192.168.40.254 255.255.255.0
Switch(config-if)#exit
Switch(config)#interface vlan50
Switch(config-if)#ip address 192.168.50.254 255.255.255.0
Switch(config-if)#ip access-group 1 out
Switch(config-if)#exit
Switch(config)#access-list 1 deny 192.168.10.0 0.0.0.255
Switch(config)#access-list 1 deny 192.168.20.0 0.0.0.255
Switch(config)#access-list 1 permit any
```

PC3 和 PC4 可以 ping 通服务器，但 PC1 和 PC2 却 ping 不通服务器，会出现"Destination host unreachable"的提示信息。即 vlan 30 和 vlan 40 网段允许访问服务器所在的 VLAN，而 vlan 10 和 vlan 20 网段则被拒绝访问。

当 ACL 应用于 VLAN 时，方向 in 和 out 有很大的区别，如果方向应用错误，就达不到控制的目的。一般参照以下原则：

- 当 ACL 应用到源 IP 地址段所属的 VLAN 时，就用 in 方向；
- 当 ACL 应用到目标 IP 地址段所属的 VLAN 时，就用 out 方向。

在本例中，因为允许 vlan 30 和 vlan 40 网段访问 vlan 50，不允许 vlan 10 和 vlan 20 网段访问 vlan 50，因此目标网段是 vlan 50，这里把访问控制列表应用在 vlan 50 下面，因此方向要用 out。如果方向用 in 的话，就不能把访问控制列表应用在 vlan 50 下面，而必须在 vlan 10、vlan 20、vlan 30、vlan 40 这 4 个 VLAN 下分别使用，显然不如应用到 vlan 50 方便。

访问控制列表 ACL 是顺序执行的，因此，语句的次序不可随意放置，否则达不到控制的目的。例如，将上面控制列表的第三条语句（"access-list 1 permit any"）放在最前面，则它会允许所有的数据包通过，vlan 10 和 vlan 20 都限制不了。如果放在第一条语句和第二条语句之间，即下面的形式：

```
access-list 1 deny 192.168.10.0 0.0.0.255
access-list 1 permit any
access-list 1 deny 192.168.20.0 0.0.0.255
```

执行第一条语句时，它会拒绝 vlan 10，但第二条语句的含义是允许所有的数据包通过，因此，第三条语句将不起任何作用。即只能限制 vlan 10，却限制不了 vlan 20。

标准的 ACL 是基于源地址的访问控制列表，即它只对源地址设备起作用，因此，只能做一些简单的控制。如果要做更精细和复杂的控制，就需要使用扩展的访问控制列表。

## 5.4　隐含的控制列表语句

在每个访问列表的最后，都隐含有一条"deny any"的语句，这条语句虽不显示出来，但是它会起作用，关于这一点，读者一定要小心，否则会产生意想不到的结果。

例如，希望拒绝来自源地址为 192.168.10.5 和 192.168.10.8 的数据包通过路由器的接口，同时允许其他一切数据包通过，如果我们定义访问列表的语句如下所示：

```
access-list 1 deny host 192.168.10.5
access-list 1 deny host 192.168.10.8
```

由于路由器会在控制列表的最后自动增加一条隐含的拒绝语句，因此它在路由器中的实际内容为：

```
access-list 1 deny host 192.168.10.5
access-list 1 deny host 192.168.10.8
access-list 1 deny any  （所有的访问列表会自动在最后包含拒绝语句）
```

前两条语句是我们手工编写的，最后一条是系统自动增加的（不显示），三条语句都是拒绝，因此实际的结果是不仅来自源地址 192.168.10.5 和 192.168.10.8 的数据包被拒绝通过，其他所有的数据包都会被拒绝，显然这与最初的想法是不一致的。为了达到我们的要求，把 ACL 修改为：

```
access-list 1 deny host 192.168.10.5
access-list 1 deny host 192.168.10.8
access-list 1 permit any
```

在路由器中的实际内容为：

```
access-list 1 deny host 192.168.10.5
access-list 1 deny host 192.168.10.8
access-list 1 permit any
access-list 1 deny any
```

第一条、第二条语句分别拒绝了地址为 192.168.10.5 和 192.168.10.8 的数据包，第三条语句允许所有的数据包通过，因此除地址为 192.168.10.5 和 192.168.10.8 以外的数据包都可以通过，第四条隐含的语句是拒绝所有数据包，但在它的前面已有一条允许所有数据包通过的语句，因此第四条语句不会起作用，这样就达到了我们的要求。

## 5.5　扩展的访问控制列表

标准的 ACL 占用路由器资源很少，是最基本的访问控制列表，可以应用在要求的控制级别较低的情况下。如果需要做更复杂的控制，就需要使用扩展的访问控制列表了。

扩展的访问控制列表比标准的访问控制列表具有更多的选项，包括协议类型、源地址、目的地址、源端口、目的端口等。扩展的访问控制列表不仅读取 IP 包头的源地址和目的地址，还要读取第四层包头中的源端口和目的端口。因此能实现精细的控制。

扩展的访问控制列表命令格式为：

> access-list 表号 permit/deny 协议 源地址 反向掩码 关系 源端口 目标地址 反向掩码
> 关系 目标端口

其中，表号介于 100～199 之间。协议可以是 IP、TCP、UDP 等，IP 表示任意协议。关系可以是 eq（等于）、neq（不等于）、range（范围）等。如果是周知端口，可用服务名代替，例如 23 号端口用 Telnet 代替，80 端口用 WWW 代替等。

常用协议的端口号如表 5-1 所示。

**表 5-1　常用协议的端口号**

| 服 务 名 | 传输层协议 | 端 口 号 |
|---|---|---|
| WWW | TCP | 80 |
| FTP | TCP | 21 |
| Telnet | TCP | 23 |
| SMTP | TCP | 25 |
| POP3 | TCP | 110 |
| DNS | TCP、UDP | 53 |
| SNMP | UDP | 161 |

从上面的命令格式可以看出，扩展的 ACL 命令选项更多，可以完成更复杂的控制功能，下面通过一个例子来说明扩展的 ACL 的使用。

**例 5.3**　网络结构仍使用例 5.2 中的图 5-2，VLAN 的划分也与例 5.2 相同。在服务器上开启 WWW 服务（默认情况下已打开），如图 5-3 所示。开启 FTP 服务，并创建一个 FTP 用户，用户名为 cisco，密码也是 cisco，如图 5-4 所示。现在要求实现 vlan 10 可以访问服务器网段的 WWW 服务，vlan 20 可以访问服务器网段的 FTP 服务，不允许访问其他服务，其余网段可以访问服务器网段的所有服务。

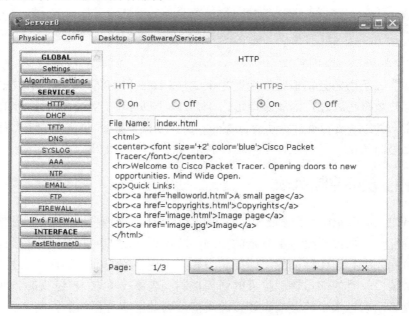

图 5-3　打开服务器的 WWW 服务

图 5-4　打开服务器的 FTP 服务

交换机的配置如下：

```
Switch(config)#ip routing
Switch(config)#interface FastEthernet0/1
Switch(config-if)#switchport access vlan 10
Switch(config-if)#exit
Switch(config)#interface FastEthernet0/2
Switch(config-if)#switchport access vlan 20
Switch(config-if)#exit
Switch(config)#interface FastEthernet0/3
Switch(config-if)#switchport access vlan 30
Switch(config-if)#exit
Switch(config)#interface FastEthernet0/4
Switch(config-if)#switchport access vlan 40
Switch(config-if)#exit
Switch(config)#interface FastEthernet0/24
Switch(config-if)#switchport access vlan 50
Switch(config-if)#exit
Switch(config)#interface Vlan10
Switch(config-if)#ip address 192.168.10.254 255.255.255.0
Switch(config-if)#exit
Switch(config)#interface Vlan20
Switch(config-if)#ip address 192.168.20.254 255.255.255.0
Switch(config-if)#exit
Switch(config)#interface Vlan30
Switch(config-if)#ip address 192.168.30.254 255.255.255.0
Switch(config-if)#exit
Switch(config)#interface Vlan40
Switch(config-if)#ip address 192.168.40.254 255.255.255.0
Switch(config-if)#exit
Switch(config)#interface Vlan50
Switch(config-if)#ip address 192.168.50.254 255.255.255.0
Switch(config-if)#ip access-group 101 out
Switch(config-if)#exit
```

```
Switch(config)#access-list 101 permit tcp 192.168.10.0 0.0.0.255
    192.168.50.0 0.0.0.255 eq www
Switch(config)#access-list 101 deny ip 192.168.10.0 0.0.0.255
    192.168.50.0 0.0.0.255
Switch(config)#access-list 101 permit tcp 192.168.20.0 0.0.0.255
    192.168.50.0 0.0.0.255 eq ftp
Switch(config)#access-list 101 deny ip 192.168.20.0 0.0.0.255
    192.168.50.0 0.0.0.255
Switch(config)#access-list 101 permit ip any any
```

用 PC1 的"Web Browser"工具访问 192.168.50.1 的 Web 服务器时，可以打开服务器的网页，如图 5-5 所示。但是在 Command 窗口中 ping 服务器时，ping 不通该服务器，如图 5-6 所示，原因是 ping 使用的是 ICMP 协议，而在控制列表中只允许 vlan 10 使用 TCP 协议，所以 ping 不通是正常的。同样，在 Command 窗口中使用"ftp"命令登录服务器时，也会出现访问失败的提示，如图 5-7 所示。

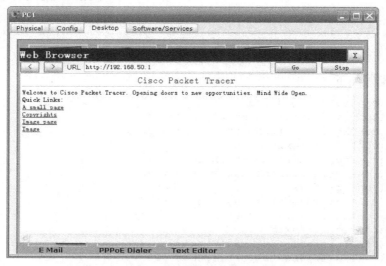

图 5-5　vlan 10 可以访问服务器的 WWW 服务

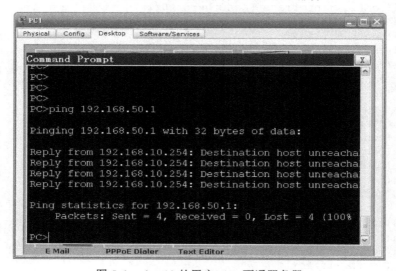

图 5-6　vlan 10 的用户 ping 不通服务器

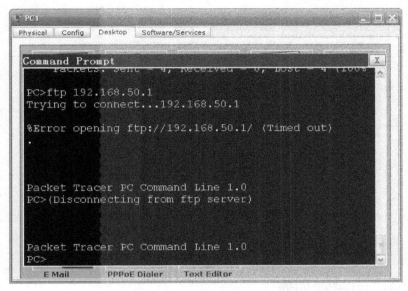

图 5-7　vlan 10 的用户不能访问服务器的 FTP 服务

　　PC2 使用的是 vlan 20 网段，因此 PC2 可以访问服务器的 FTP 服务，如图 5-8 所示。但不能访问其他服务，因为在控制列表中对 vlan 20 只允许使用 FTP 协议，其他协议都被禁止了，所以在访问服务器的 Web 站点时，会出现如图 5-9 所示的提示。

　　PC3 和 PC4 可以访问服务器的全部服务，因为没有对 vlan 30 和 vlan 40 做任何限制。控制列表中的最后一条命令"access-list 101 permit ip any any"保证了除 vlan 10 和 vlan 20 以外的其他网段的正常访问，其中的"ip"表示任何协议。如果没有这条命令，情况将会怎样？请读者自己分析。

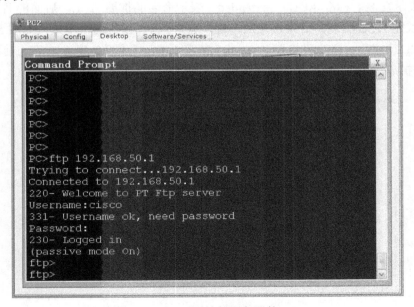

图 5-8　PC2 可以访问服务器的 FTP

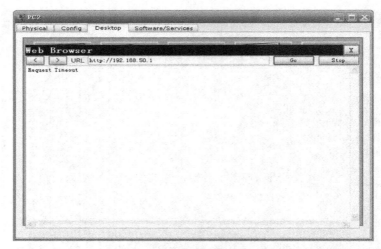

图 5-9    PC2 不能访问服务器的 WWW 服务

## 5.6    命名的访问控制列表

命名的访问控制列表就是用字符串作为名字来取代标准或扩展的 ACL 中的表号。它对 IOS 的版本要求在 11.2 以上。

命名的访问控制列表的格式为：

```
ip access-list standard/extended 名字
Permit………
Deny ………
```

需要注意的是，命令是以"ip access-list"开头，而不是以"access-list"开头。其中的 "standard"表示命名的标准 ACL，"extended"表示命名的扩展 ACL，后面的名字自己定义 即可。在输入完 ACL 的名字后直接按回车键，将进入 ACL 的编辑模式，如图 5-10 所示。 在进入了 ACL 模式后，命令直接以"permit"或者"deny"开头，其余内容与前面介绍的标准的 ACL 和扩展的 ACL 相同。

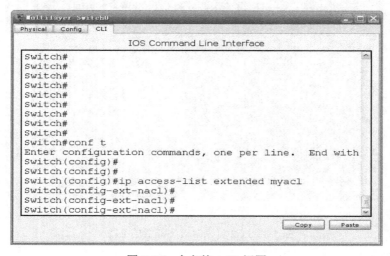

图 5-10    命名的 ACL 视图

如果把例 5.3 中的 ACL 写成命名的 ACL，其结果如下：

```
Switch(config)#ip access-list extended my_acl
Switch(config-ext-nacl)# permit tcp 192.168.10.0 0.0.0.255 192.168.50.0
       0.0.0.255 eq www
Switch(config-ext-nacl)# deny ip 192.168.10.0 0.0.0.255 192.168.50.0
       0.0.0.255
Switch(config-ext-nacl)# permit tcp 192.168.20.0 0.0.0.255 192.168.50.0
       0.0.0.255 eq ftp
Switch(config-ext-nacl)# deny ip 192.168.20.0 0.0.0.255 192.168.50.0
       0.0.0.255
Switch(config-ext-nacl)# permit ip any any
```

把命名的 ACL 应用到 VLAN 50 中：

```
Switch(config)#interface Vlan50
Switch(config-if)#ip address 192.168.50.254 255.255.255.0
Switch(config-if)#ip access-group my_acl out
```

由此可见，创建命名的 ACL 还是很简单的，其工作机理与使用表号的 ACL 也是一样的。使用命名的 ACL 的另一个优点是在进入 ACL 视图后，可以删除其中的一个控制条目，而不像标准和扩展的 ACL 那样，删除某条 ACL 命令，就必须删除整个 ACL。如果想添加一条 ACL 命令，它会自动添加到 ACL 的尾部。但如果想在 ACL 列表的中间插入或者修改一条 ACL 命令，目前的设备还不支持这样做，只有先删除整个 ACL 列表，然后再重新建立。

一定要掌握使用命名的 ACL，因为有些厂家的设备不支持带表号的标准和扩展的 ACL，只支持命名的 ACL。

## 5.7　基于时间的访问控制列表

基于时间的访问控制表，就是在原来的标准访问控制表和扩展访问控制表中，加入有效的时间范围来更合理有效地控制网络。

首先定义一个时间范围，然后在原来的各种访问列表的基础上引用它。命令格式为

```
time-range 名字
absolute [start time date] [end time date]
periodic days-of-the week hh:mm to [days-of-the week] hh:mm
```

时间 "time" 要以 24 小时制的 "小时：分钟" 形式表示；日期用 "日/月/年" 的形式来表示，其中，日和年用数字形式，月份用英文单词。

"absolute" 命令用来指定绝对时间范围。它后面紧跟 "start" 和 "end" 两个关键字。如果省略 "start" 及其后面的时间，则表示与之相联系的 "permit" 或 "deny" 语句立即生效，并一直作用到 "end" 处的时间为止；若省略 "end" 及其后面的时间，则表示与之相联系的 "permit" 或 "deny" 语句在 "start" 处表示的时间开始生效，并且永远发生作用；如果 "start" 和 "end" 同时省略，则表示立即生效，并且永远有效。

"periodic" 是以星期为参数来定义时间范围的一个命令。它的参数主要有 Monday、

Tuesday、Wednesday、Thursday、Friday、Saturday、Sunday 中的一个或者几个的组合，也可以是 daily（每天）、weekday（周一至周五），或者 weekend（周末）。

**例 5.4**　表示每天早 8 点到晚 10 点起作用，可以用如下语句：

```
absolute start 8：00 end 22：00
```

**例 5.5**　从 2013 年 3 月 1 日早 8 点开始起作用，直到 2013 年 4 月 30 日晚 12 点停止作用，命令如下：

```
absolute start 8：00 1 March 2013  end 24：00 30 April 2013
```

**例 5.6**　表示每周一到周五的早 8 点到下午 6 点，可表示为

```
periodic weekday 8：00 to 18：00
```

**例 5.7**　从 2013 年 3 月 1 日早上 8 点起，到 2013 年 4 月 30 日晚上 12 点之间，每周一到周五早 8 点到下午 6 点，公司内部用户 192.168.1.0 网段不允许浏览网页（WWW 服务），不允许使用 QQ（假设 QQ 使用端口号为 udp 4000）。配置如下：

```
Switch(config )#Time-range test_time
Switch(config )#absolute start 8：00 1 March 2013  end 24：00 30 April 2013
Switch(config )#periodic weekday 8：00 to 18：00
Switch(config )#ip access-list extended  test_acl
Switch(config-ext-nacl)#deny tcp 192.168.1.0 0.0.0.255 any eq www test_time
Switch(config-ext-nacl)#deny udp 192.168.1.0 0.0.0.255 any eq 4000 test_time
Switch(config-ext-nacl)#permit ip any any
```

## 5.8　自反的访问控制列表

自反访问控制列表有时也称为单向访问控制列表，它会根据一个方向的访问控制列表，自动产生一个反方向的控制列表，反方向控制列表的源地址和目的地址与原方向的源地址和目的地址互换，并且源端口号和目的端口号也互换。

自反 ACL 由 reflect 和 evaluate 这样一对参数控制，其中 reflect 负责产生一个临时的反向访问控制列表，evaluate 进行评估，若评估的结果满足条件，则允许流量通过，否则流量被拒绝。由 reflect 产生的临时条目有存活时间，到期的临时条目会被系统自动删除。

自反 ACL 不能单独使用，必须嵌套在命名的扩展 ACL 中。

一般地，需要创建两个命名的 ACL，如 f1 和 f2，将 reflect 放在 f1 中，将 evaluate 放在 f2 中。

自反 ACL 的典型应用：允许内网用户访问外网，但不允许外网主动访问内网，即单向访问。虽然带 established 参数的扩展 ACL 也有类似的功能，但它只对基于 TCP 的应用有效，对 UDP 等协议无效。而自反 ACL 能够提供更为强大的会话过滤，可以实现真正意义上的单向访问。

Cisco 的模拟器 Packet Tracer 6.0 不支持自反 ACL，GNS3 模拟器可以支持自反 ACL，因此下面的例子是在 GNS3 模拟器环境下实现的。

**例 5.8**　要求内网用户可以访问外网，但不允许外网用户访问内网，即实现单向访问。网络结构如图 5-11 所示，为了简单起见，在 R1 和 R3 上分别配置默认路由。

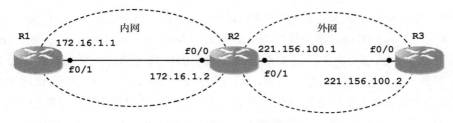

图 5-11　例 5.8 网络结构

路由器 R1 的配置如下：

```
R1(config)#interface FastEthernet0/1
R1(config-if)#ip address 172.16.1.1 255.255.255.252
R1(config-if)#exit
R1(config)#ip route 0.0.0.0 0.0.0.0 172.16.1.2
```

路由器 R3 的配置如下：

```
R3(config)#interface FastEthernet0/0
R3(config-if)#ip address 221.156.100.2 255.255.255.252
R3(config-if)#exit
R3(config)#ip route 0.0.0.0 0.0.0.0 221.156.100.1
```

路由器 R2 的配置如下：

```
R2(config)#interface FastEthernet0/0
R2(config-if)#ip address 172.16.1.2 255.255.255.252
R2(config-if)#exit
R2(config)#interface FastEthernet0/1
R2(config-if)#ip address 221.156.100.1 255.255.255.252
R2(config-if)#ip access-group f_in in
R2(config-if)#ip access-group f_out out
R2(config-if)#exit
R2(config)#ip route 172.16.1.0 255.255.255.252 172.16.1.1
R2(config)#ip route 221.156.100.0 255.255.255.252 221.156.100.2
R2(config)#ip access-list extended f_in
Switch(config-ext-nacl)evaluate mypass
Switch(config-ext-nacl)deny  ip any any
Switch(config-ext-nacl)exit
R2(config)#ip access-list extended f_out
Switch(config-ext-nacl)permit ip any any reflect mypass
Switch(config-ext-nacl)exit
```

这里我们创建了两个命名的访问控制列表，分别是 f_in 和 f_out。控制列表 f_out 允许所有的数据包通过，并产生名为"mypass"的反向控制列表。控制列表 f_in 首先对名为"mypass"的反向列表进行评估，如果存在且合法，则转去执行反向列表规定的动作。如果不存在或者不合法，则执行 f_in 中的下一条命令"deny  ip any any"，将会拒绝所有数据包的通过。路由器 R2 的端口 f0/1 可以看作内网的出口，把控制列表 f_in 和 f_out 都应用在该接口下。下面来分析执行过程。

在路由器 R1 上执行 ping 221.156.100.2 时，即 R1 访问 R3，由于在 R2 上把访问控制列表 f_in 和 f_out 都应用在端口 f0/1 下，则当 R1 访问 R3 的时候，由 R1 发往 R3 的数据包会从 R2 的 f0/1 端口出去，因此会激活 R2 的 f0/1 端口下的"ip access-group f_out out"命令，进而调用 R2 的 f_out 控制列表，该控制列表只有一条命令，即"permit ip any any reflect mypass"，该命令由两部分组成，前半部分允许所有的数据包通过，紧接着执行后半部分，由 reflect 参数产生一条反向的控制列表，动作仍然是"permit"，源地址和目标地址进行调换，即源地址 172.16.1.1 变成目标地址，原来的目标地址 221.156.100.2 变成源地址，这样，就构成了一条反向的控制列表。此时在 R2 上执行"show ip access-lists"命令时，显示结果如下：

```
R2#show  ip access-lists
Extended IP access list f_in
    10 evaluate mypass
     20 deny ip any any (167 matches)
Extended IP access list f_out
    10 permit ip any any reflect mypass (50 matches)
Reflexive IP access list mypass
     permit icmp host 221.156.100.2 host 172.16.1.1 (20 matches) (time left 272)
```

其中的最后一条"permit icmp host 221.156.100.2 host 172.16.1.1"就是产生的反向列表。当 R3 的响应数据包返回时，会激活 R2 的 f0/1 端口下的"ip access-group f_in in"命令，进而调用 R2 的 f_in 控制列表。该控制列表的第一条命令是"evaluate mypass"，即评估是否存在名为"mypass"的反向列表，如果存在，则执行反向列表的动作，否则，执行下一条。由于在此之前，已经产生了一条名为"mypass"的反向列表，该反向列表允许源地址为 221.156.100.2 的主机的 icmp 包去往主机 172.16.1.1。因此，从 R3 返回的数据包可以顺利通过 R2，并到达 R1，从而确保 R1 对 R3 的访问，即 R1 可以 ping 通 R3。

如果 R3 主动发起对 R1 的访问，例如，在 R3 上执行 ping 172.16.1.1 命令，数据包从 R2 的 f0/1 端口进入，会激活"ip access-group f_in in"命令，进而执行访问控制列表 f_in 对流入的数据包进行检测，控制列表 f_in 的第一条命令是"evaluate mypass"，即评估名为"mypass"的反向列表。由于是 R3 主动发起对 R1 的访问，因此先前建立的连接 Session 并不存在，R2 会丢弃该数据包，即拒绝 R3 的主动访问。

# 习题 5

5.1　简述访问控制列表的意义。

5.2　简述访问控制列表的分类和工作原理。

5.3　写出标准的访问控制列表、扩展的访问控制列表和命名的访问控制列表的命令格式，并解释其中的参数。

5.4　网络拓扑图如图 5-12 所示，要求完成以下功能：

（1）定义标准的访问控制列表，实现在每天 8:00～18:00 时间段内拒绝 192.168.20.0 网段发出的全部数据包；

（2）定义扩展的访问控制列表禁止 vlan 10 和 vlan 20 之间的相互访问。

5.5　如图 5-13 所示，假设某单位有 5 个网段：192.168.10.0、192.168.20.0、192.168.30.0、

192.168.40.0、192.168.50.0，分别对应 5 个 VLAN，即 vlan 10、vlan 20、vlan 30、vlan 40、vlan 50，其中 vlan 50 网段是服务器的网段。现要求用命名的访问控制列表实现 vlan 10 和 vlan 20 可以访问 vlan 50，但 vlan 30 和 vlan 40 不允许访问 vlan 50。

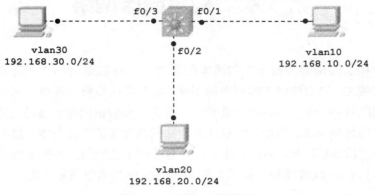

图 5-12　习题 5.4 拓扑图

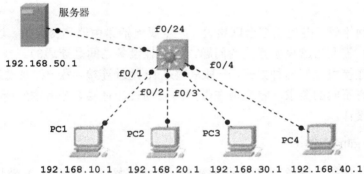

图 5-13　习题 5.5 拓扑图

5.6　什么是隐含的访问列表？请举一个例子加以说明。

5.7　简述自反访问控制列表的工作原理。

# 第6章　构建园区网络

前面几章介绍了路由器和交换机的基本配置命令、静态路由和动态路由的配置方法、VLAN 的创建与使用，以及访问控制列表的用法，本章将运用前面各章的知识点来设计完成一个综合性的园区网络。在实际的网络建设中，首先需要解决网络设备的互连互通，同时还要考虑网络地址的转换问题。因此，本章首先介绍网络设备的互连技术；然后介绍网络地址转换（NAT）和端口地址转换（PAT）技术，并通过一个三层架构的园区网络来综合运用这些相关技术；最后介绍 POS 接口、链路汇聚和 VRRP 的技术原理和应用。

## 6.1　设备互连

在构建园区网络时，会使用多台网络设备，主要包括路由器和交换机，这些设备连接组成一个局域网时，需要考虑设备互连的问题，即保证设备之间是连通的。

设备之间的连接可以有两种方式，一种是通过 IP 地址连接，另一种是通过 VLAN 连接。不同层次的设备有不同的要求，管理员在做网络规划设计时要充分考虑到所用设备的性质，以便进行合理的设计。

**1. 路由器之间的连接**

路由器之间的连接可以通过 IP 地址来实现，即在连接端口下配置 IP 地址。此时要求两端的地址必须在同一网段，否则不能互通。另外，同一台路由器的不同端口的地址不能在同一网段，否则会引起地址冲突。

**2. 三层交换机之间的连接**

三层交换机之间的连接既可以通过 IP 地址实现，也可以通过 VLAN 来实现。需要注意的是，不同厂家的产品会有不同的要求，有些厂家的三层交换机端口下不允许写 IP 地址，这种情况下就不可能用 IP 地址来连接，只能通过 VLAN 来连接。

对于 Cisco 的三层交换机，需要在端口下使用"no switchport"命令打开三层功能，才可以给该端口配置 IP 地址，否则"ip address"命令是写不上去的。

**3. 含二层交换机的连接**

二层交换机与二层交换机的连接、二层交换机与三层交换机的连接只能通过 VLAN 来实现，因为一般情况下，二层交换机的端口下不允许配置 IP 地址。

当通过 VLAN 来实现设备互连时，可以使用交换机的 VLAN 1，即默认 VLAN 来连接，也可以用自定义 VLAN（即 VLAN 号不为 1）来连接。

#### 4．三层交换机与路由器的连接

三层交换机与路由器的连接可以通过 IP 地址来实现，也可以通过 VLAN 实现。如果三层交换机的端口下不允许写 IP 地址，则此时在三层交换机端口下使用 VLAN，在路由器端口下配置一个与该 VLAN 在同一段的 IP 地址即可。

需要说明的是，无论是三层交换机还是二层交换机，如果在互连端口下启用了 trunk 模式，则 VLAN 信息是可以通过的，实质上已处于互连互通状态，此时用户数据是可以通过的。上面所说的交换机之间通过 VLAN 连接（这些 VLAN 一般不分配给用户使用），更多的意义在于管理的需要，如 Telnet 远程登录，可方便设备的管理。

#### 5．设备的管理地址

做网络规划设计时，需要考虑设备的管理地址，因为在日后的网络管理工作中常常需要远程管理，这时就需要为设备确定一个管理地址，以方便管理。设备的管理地址的选择很灵活，没有统一的规定，可以参照以下方法。

（1）路由器管理地址的选择

对于路由器来说，可以选择路由器上任意一个端口的地址作为该路由器的管理地址，只要该端口处于 up 状态就可以。这种方式最大的优点就是简单，只要从配置了地址的端口中选择一个即可，没有其他的限制。例如，某路由器在 g0/1、g0/2 和 g0/3 三个端口中都配置了地址，在这三个端口中任意选择一个端口的地址作为管理地址都可以。

这种方法有一个问题，如果被选为管理地址的端口 down 掉了，那么就不能进行远程管理了，必须重新选择另一个端口的地址作为管理地址，因此可靠性差一些。

（2）三层交换机管理地址的选择

如果三层交换机的某些端口配置了 IP 地址，可以像路由器一样选择这些端口中的任意一个的地址作为该交换机的管理地址。如果三层交换机的所有端口都没有配置 IP 地址，则只能使用 VLAN 作为管理地址。

（3）使用 Loopback 接口

在路由器和三层交换机等三层设备上提供了 Loopback 接口，也称为环回接口，它是一种虚拟接口，并不是物理端口。可以在三层设备上开启 Loopback 接口，为其配置 IP 地址，用 Loopback 接口的地址作为该设备的管理地址。

使用 Loopback 接口地址作为设备的管理地址，其主要优点是它不会处于 down 状态，也就是说，只要设备处于开机状态它就不会 down 掉。因此，它比使用物理端口地址作为管理地址更加可靠，推荐使用这种方法。

（4）二层交换机管理地址的选择

对于二层交换机来说，其管理地址没有选择的余地，只能使用 VLAN 地址。也就是说，通过 VLAN 来管理二层交换机，一般使用 VLAN 1 来管理二层交换机。

**例 6.1**　现在假设园区局域网有两台路由器 R1 和 R2，有三台三层交换机，分别是 S1、S2 和 S3，S4、S5、S6 和 S7 是二层交换机，现在需要将它们连接起来，保证设备之间是连通的，网络拓扑如图 6-1 所示。本例在 Cisco PT 环境下实现。

路由器 R1 的 f0/0 端口与 R2 的 f0/0 端口连接，R1 的 f0/0 端口使用 IP 地址 202.201.100.1，

R2 的 f0/0 端口使用 IP 地址 202.201.100.2，双方使用的掩码均为 255.255.255.252。

　　R1 的 f0/1 端口与 S1 的 f0/24 端口连接，R1 的 f0/1 端口使用 IP 地址 172.16.1.1。S1 的 f0/24 端口可以使用 IP 地址，也可以使用 VLAN 来连接，这里使用 vlan 2 来连接，vlan 2 的地址为 172.16.1.2，两边的掩码都是 255.255.255.252，保证两边在同一网段。

　　S1 的 f0/1 端口与 S2 的 f0/24 端口连接，f0/2 端口与 S3 的 f0/24 端口连接。S1 与 S2 之间用 vlan 3 连接，S1 中 vlan 3 的地址定义为 172.16.1.5，S2 中 vlan 3 的地址定义为 172.16.1.6，两边的掩码都设定为 255.255.255.252。S1 与 S3 之间用 vlan 4 连接，S1 中 vlan 4 的地址定义为 172.16.1.9，S3 中 vlan 4 的地址定义为 172.16.1.10，两边的掩码都设定为 255.255.255.252。

　　交换机 S4 通过 f0/24 端口上连到 S2 的 f0/1 端口，交换机 S5 通过 f0/24 上连到 S2 的 f0/2 端口。S2 与 S4、S5 通过 vlan 1 连接，S2 中 vlan 1 的地址为 172.16.2.254，S4 中 vlan 1 的地址为 172.16.2.1，S5 中 vlan 1 的地址为 172.16.2.2。

　　交换机 S6 通过 f0/24 端口上连到 S3 的 f0/1 端口，交换机 S7 通过 f0/24 端口上连到 S3 的 f0/2 端口。S3 与 S6、S7 通过 vlan 1 连接，S3 中 vlan 1 的地址为 172.16.3.254，S6 中 vlan 1 的地址为 172.16.3.1，S7 中 vlan 1 的地址为 172.16.3.2。

　　R1、S1、S2 和 S3 四台三层设备启用 Loopback 接口，并用环回接口地址作为设备的管理地址。

　　R1 到 R2 使用默认路由，R2 到 R1 使用静态路由，R1 与 S1、S2 和 S3 这些三层设备之间使用 OSPF 动态路由，并在 R1 的 OSPF 中引入默认路由。

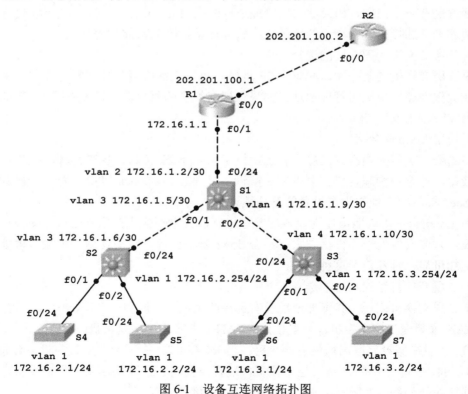

图 6-1　设备互连网络拓扑图

各设备的配置如下。

R2 的配置：

```
Router(config)#host  R2
R2(config)#interface FastEthernet0/0
R2(config-if)#no shut
R2(config-if)#ip address 202.201.100.2 255.255.255.252
R2(config-if)#exit
R2(config)#ip route 202.201.100.0 255.255.255.252 202.201.100.1
```

R1 的配置：

```
Router(config)#host  R1
R1(config)#interface FastEthernet0/0
R1(config-if)#no shut
R1(config-if)#ip address 202.201.100.1 255.255.255.252
R1(config-if)#exit
R1(config)#interface FastEthernet0/1
R1(config-if)#no shut
R1(config-if)ip address 172.16.1.1 255.255.255.252
R1(config-if)#exit
R1(config)#inter loopback 1                       //环回接口地址作为管理地址
R1(config-if)#ip add 10.1.1.1 255.255.255.255     //环回地址可以使用单一地址
R1(config-if )#exit
R1(config)#router ospf 1
R1(config-router)#network 172.16.1.0 0.0.0.3 area 0
R1(config-router)#network 10.1.1.1 0.0.0.0 area 0
R1(config-router)#default-information originate     //引入默认路由
R1(config)#ip route 0.0.0.0 0.0.0.0 202.201.100.2   //出去的方向为默认路由
```

S1 的配置：

```
Switch(config)#host  S1
S1(config)#vlan 2
S1(config-vlan)#exit
S1(config)#vlan 3
S1(config-vlan)#exit
S1(config)#vlan 4
S1(config-vlan)#exit
S1(config)#ip routing
S1(config)#interface FastEthernet0/1
S1(config-if)#switchport access vlan 3
S1(config-if)#exit
S1(config)#interface FastEthernet0/2
S1(config-if)#switchport access vlan 4
S1(config-if)#exit
S1(config)#interface FastEthernet0/24
S1(config-if)#switchport access vlan 2
S1(config-if)# exit
S1(config)#interface Vlan2
S1(config-if)#ip address 172.16.1.2 255.255.255.252
S1(config-if)# exit
S1(config)#interface Vlan3
```

```
S1(config-if)#ip address 172.16.1.5 255.255.255.252
S1(config-if)# exit
S1(config)#interface Vlan4
S1(config-if)#ip address 172.16.1.9 255.255.255.252
S1(config-if)# exit
S1(config)#interface loopback 1              //环回接口地址作为管理地址
S1(config-if)#ip add 10.2.2.2 255.255.255.255    //环回地址可以用单一地址
S1(config-if)#exit
S1(config)#router ospf 1
S1(config-router)#network 172.16.1.0 0.0.0.3 area 0
S1(config-router)#network 172.16.1.4 0.0.0.3 area 0
S1(config-router)#network 172.16.1.8 0.0.0.3 area 0
S1(config-router)#network 10.2.2.2 0.0.0.0 area 0
S1(config-router)#exit
```

S2 的配置：

```
Switch(config)#host  S2
S2(config)#vlan 3
S2(config)#exit
S2(config)#ip routing
S2(config)#interface FastEthernet0/1
S2(config-if)#switchport trunk encapsulation dot1q   //封装 802.1q 协议
S2(config-if)#switchport mode trunk
S2(config-if)#exit
S2(config)#interface FastEthernet0/2
S2(config-if)#switchport trunk encapsulation dot1q   //封装 802.1q 协议
S2(config-if)#switchport mode trunk
S2(config-if)#exit
S2(config)#interface FastEthernet0/24
S2(config-if)#switchport access vlan 3
S2(config-if)#exit
S2(config)#interface Vlan1
S2(config)#no shut
S2(config-if)#ip address 172.16.2.254 255.255.255.0
S2(config-if)#exit
S2(config)#interface Vlan3
S2(config-if)#ip address 172.16.1.6 255.255.255.252
S2(config-if)#exit
S2(config)#interface loopback 1              //环回接口作为管理地址
S2(config-if)#ip add 10.3.3.3 255.255.255.255    //环回地址可以用单一地址
S2(config-if)#exit
S2(config)#router ospf 1
S2(config-router)#network 172.16.1.4 0.0.0.3 area 0
S2(config-router)#network 172.16.2.0 0.0.0.255 area 0
S2(config-router)#network 10.3.3.3 0.0.0.0 area 0
S2(config-router)#exit
```

S3 的配置：

```
Switch(config)#host  S3
S3(config)#vlan 4
S3(config)#exit
```

```
S3(config)#ip routing
S3(config)#interface FastEthernet0/1
S3(config-if)#switchport trunk encapsulation dot1q
S3(config-if)#switchport mode trunk
S3(config-if)#exit
S3(config)#interface FastEthernet0/2
S3(config-if)#switchport trunk encapsulation dot1q
S3(config-if)#switchport mode trunk
S3(config-if)#exit
S3(config)#interface FastEthernet0/24
S3(config-if)#switchport access vlan 4
S3(config-if)#exit
S3(config)#interface Vlan1
S3(config)#no shut
S3(config-if)#ip address 172.16.3.254 255.255.255.0
S3(config-if)#exit
S3(config)#interface Vlan4
S3(config-if)#ip address 172.16.1.10 255.255.255.252
S3(config-if)#exit
S3(config)#interface loopback 1              //环回接口地址作为管理地址
S3(config-if)#ip add 10.4.4.4 255.255.255.255    //环回地址可以用单一地址
S3(config-if)#exit
S3(config)#router ospf 1
S3(config-router)#network 172.16.1.8 0.0.0.3 area 0
S3(config-router)#network 172.16.3.0 0.0.0.255 area 0
S3(config-router)#network 10.4.4.4 0.0.0.0 area 0
S3(config-router)#exit
```

S4 的配置：

```
Switch(config)#host  S4
S4(config)#interface FastEthernet0/24
S4(config-if)#switchport mode trunk
S4(config-if)#exit
S4(config)#interface Vlan1
S4(config)#no shut
S4(config-if)#ip address 172.16.2.1 255.255.255.0
S4(config-if)#exit
S4(config)#ip default-gateway 172.16.2.254
```

S5 的配置：

```
Switch(config)#host  S5
S5(config)#interface FastEthernet0/24
S5(config-if)#switchport mode trunk
S5(config-if)#exit
S5(config)#interface Vlan1
S5(config)#no shut
S5(config-if)#ip address 172.16.2.2 255.255.255.0
S5(config-if)#exit
S5(config)#ip default-gateway 172.16.2.254
```

S6 的配置：

```
Switch(config)#host  S6
S6(config)#interface FastEthernet0/24
S6(config-if)#switchport mode trunk
S6(config-if)#exit
S6(config)#interface Vlan1
S6(config)#no shut
S6(config-if)#ip address 172.16.3.1 255.255.255.0
S6(config-if)#exit
S6(config)#ip default-gateway 172.16.3.254
```

S7 的配置：

```
Switch(config)#host  S7
S7(config)#interface FastEthernet0/24
S7(config-if)#switchport mode trunk
S7(config-if)#exit
S7(config)#interface Vlan1
S7(config)#no shut
S7(config-if)#ip address 172.16.3.2 255.255.255.0
S7(config-if)#exit
S7(config)#ip default-gateway 172.16.3.254
```

各设备完成了上述配置以后，接下来测试设备的连通性。在交换机 S4 上 ping 路由器 R1 的 f0/0 端口，结果如下：

```
S4#ping 202.201.100.1
Type escape sequence to abort.
Sending 5, 100-byte ICMP Echos to 202.201.100.1, timeout is 2 seconds:
!!!!!
Success rate is 100 percent (5/5), round-trip min/avg/max = 0/0/0 ms
```

测试结果表明，设备连接已成功，其他设备的测试也类似。

# 6.2　网络地址转换（NAT）和端口地址转换（PAT）

## 6.2.1　网络地址转换

### 1．NAT 简介

NAT（Network Address Translation），即网络地址转换。当内部计算机要与外部网络进行通信时，具有 NAT 功能的设备（如路由器）负责将其内部的 IP 地址转换为合法的外部公网 IP 地址（向 ISP 申请的 IP 地址）进行通信，这一过程称为网络地址转换。

### 2．NAT 的应用场合

（1）一个企业网络如果不想让外部用户知道自己的网络内部结构，可以通过 NAT 将内部网络与外部 Internet 隔离开，这样外部用户就不知道通过 NAT 设置后的内部 IP 地址，从而实现对外屏蔽内部网络结构的目的。

（2）一个企业申请的合法 Internet IP 地址很少，而内部网络需要访问外网的用户又很多。

可以通过地址转换功能实现多个用户同时公用一个合法 IP 地址与外部 Internet 进行通信。

在实际应用中，第二种情况更为常见。

### 3．设置 NAT 所需路由器的硬件配置和软件配置

设置 NAT 功能的路由器至少要有一个内部（inside）端口和一个外部（outside）端口。内部端口连接的网络用户使用的是私有 IP 地址，外部端口配置公网地址。

设置 NAT 功能的路由器的 IOS 应支持 NAT 功能。

### 4．公有地址和私有地址

（1）公有地址（global address）

在 Internet 上进行通信时使用的地址就是公有地址，这样的地址必须向 ISP 提出申请才可以获得，用户是不可以随意使用的。

（2）私有地址（inside local address）

简单地说，私有地址就是分配给内部网络计算机使用的 IP 地址。

使用 TCP/IP 协议的局域网，要求每台机器都必须拥有一个 IP 地址，为了使局域网管理员能够灵活地规划自己局域网的 IP 地址，IANA 组织在 A、B、C 三类 IP 地址中分别留出了一部分网段作为"私有地址"供各个局域网自己分配使用，分别如下：

- 10.0.0.0～10.255.255.255（A 类）
- 172.16.0.0～172.31.255.255（B 类）
- 192.168.0.0～192.168.255.255（C 类）

IANA 为局域网保留的私有地址不会在 Internet 上被分配，但可以在一个企业的内部局域网中使用。各个局域网可以使用上面列出的三类保留地址中的任何一类，也可以全部使用。不同单位的内部私有地址可以相同，相互之间不会影响，因为这些私有地址是不会在公网上进行路由的，也就是说，私有地址在 Internet 上是看不见的，在 Internet 上可见的 IP 地址都是公有地址。

使用私有地址的主机不能直接访问 Internet，同样，在 Internet 上也不可能访问到使用私有地址的主机。如果要让使用私有地址的主机能够访问 Internet，或者让公网用户访问局域网内使用私有地址的主机，这就需要进行网络地址转换。

### 5．网络地址转换的类型

网络地址转换主要有静态地址转换、动态地址转换和端口地址转换（PAT）三类。

## 6.2.2　静态地址转换

### 1．静态地址转换简介

静态地址转换将内部私有地址与公网地址进行一对一的转换，并且需要指定与哪一个合法的公网地址进行转换。例如，内部网络有 E-mail 服务器或 FTP 服务器为外部用户提供服务，这些服务器的 IP 地址就可以采用静态地址转换，以便外部用户可以使用这些服务。

### 2．静态地址转换的配置命令

静态地址转换的配置命令如下：

（1）ip nat inside source static 内部私有地址　公网地址
（2）在内部接口上配置：ip nat inside
（3）在外部接口上配置：ip nat outside

### 3. 静态地址转换的执行过程

路由器中存在一张地址转换表，每一条"ip nat inside source static 内部私有地址　公网地址"这样的命令都会在地址转换表中形成一条记录，路由器在收发数据包时将使用该表进行判定和转换。

在图 6-2 所示的网络中，当内部网络中一台地址为 192.168.1.2 的主机访问外部网络主机 223.202.100.5 时，数据包的源地址是 192.168.1.2，目标地址是 223.202.100.5，路由器在进行数据包转发时将执行以下过程：

（1）路由器首先从数据包中提取出源地址（192.168.1.2），再检查地址转换表，如果表中存在 192.168.1.2 对应的记录，则表明允许该地址进行转换，继续往下执行。否则，不允许该地址转换，即该主机不可以访问外网，丢弃该数据包。

（2）路由器用地址 192.168.1.2 对应的 NAT 记录中的公网地址替换数据包中的源地址，经过转换后，数据包的源地址变为 210.153.120.21，然后转发该数据包。

（3）主机 223.202.100.5 收到数据包后，会发送响应包，其中的目标地址为 210.153.120.21。

（4）当路由器接收到从 Internet 返回的数据包时，在地址转换表中查找地址 210.153.120.21 对应的记录，得到与之对应的内部私有地址 192.168.1.2。路由器将该数据包中的目标地址修改为 192.168.1.2，并向内部进行转发。

（5）主机 192.168.1.2 接收应答包，完成本次通信。

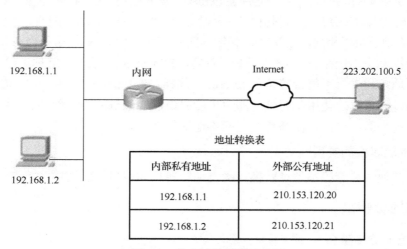

| 内部私有地址 | 外部公有地址 |
| --- | --- |
| 192.168.1.1 | 210.153.120.20 |
| 192.168.1.2 | 210.153.120.21 |

图 6-2　静态地址转换示意图

## 6.2.3　动态地址转换

### 1. 动态地址转换简介

动态地址转换也是将私有地址与公网地址进行一对一的转换，但是这种转换并不事先确定某个私有地址与哪一个公有地址进行转换,而是当需要的时候从公网地址池中动态地选择一个未使用的公网地址对私有地址进行转换。

### 2.动态地址转换配置命令

配置动态 NAT 一般分为三个步骤:

① 配置公网地址池;

② 配置 ACL(配置允许 NAT 转换的地址段);

③ 把地址池和 ACL 关联起来。

使用的命令及格式如下:

```
(1)ip nat pool 地址池名称 起始公网地址 结束公网地址 netmask 掩码
(2)access-list 编号 permit 内部网段 反向掩码
(3)ip nat inside source list 编号 pool 地址池名称
(4)在内部接口上配置: ip nat inside
(5)在外部接口上配置: ip nat outside
```

### 3.动态地址转换的执行过程

初始状态下路由器的地址转换表是空的,只有一个公网地址池,其中有若干公网地址(这些公网地址是从 ISP 申请来的),当内部网络的某个用户要访问公网主机时,路由器从地址池中动态地为该用户分配一个未使用的公网地址,并临时建立该用户的私有地址和分配给它的公网地址之间的对应记录。路由器对该用户数据包地址的修改与 6.2.2 节介绍的静态地址转换的修改方式相同。

当内网主机与公网主机的通信连接结束以后,路由器要删除临时建立的该用户的私有地址与公网地址的对应记录,并回收分配给该主机的公网地址,以便下一个内网用户访问公网时可以使用该公网地址。该主机下一次再访问公网时,路由器可能会为它分配一个不同的公网地址,这与静态地址转换是不同的。在静态地址转换方式下,内网私有地址与公网地址之间的转换关系是固定的,即使该用户不访问公网,它所占用的公网地址也不会分配给其他的用户,因此,动态地址转换比静态地址转换在公网地址的使用效率上要高。

## 6.2.4　端口地址转换(PAT)

### 1.PAT 简介

无论是静态 NAT,还是动态 NAT,公有 IP 地址和私有 IP 地址之间都是一一对应的关系,即一个公有 IP 地址对应一个私有 IP 地址,要转换多少个私有 IP 地址就需要多少个公有 IP 地址。如果私有 IP 地址多于公有 IP 地址,那么即使通过动态 NAT 方式,也会使一部分主机无法访问公网。为解决这一问题,可以利用 NAT 超载,即 PAT 技术。

PAT(Port Address Translation)即端口地址转换,也称为 NAT 超载(overload)。它以不同的协议端口号来区分内部用户的对外连接,从而实现将多个内部私有地址映射到一个公网地址上。

实现 PAT 的理论基础就是借用 TCP/UDP 端口号,也就是为每一个内部用户的每一个对外连接分配一个端口号,利用不同的端口号区分不同的连接。TCP 和 UDP 的端口号是 16 位的,理论上一个公有 IP 地址可以支持 $2^{16}$ 个并发连接。但在实际使用中,由于 1~1024 号端口是系统的保留端口，不会被用于地址转换，因此一个公有 IP 地址通过 PAT 方式进行转换后，可以提供约 60000 多个并发连接，满足多个用户公用一个公网 IP 地址访问 Internet。由于目前 IPv6 还没有广泛使用，IPv4 的地址已经非常短缺，因此 PAT 方式是目前主要的地址转换方式。

### 2．PAT 配置命令格式

PAT 配置命令格式如下：

```
（1）配置 ACL
access-list 编号 permit 内部网段 反向掩码
（2）ip nat pool 名称 起始公网地址 结束公网地址 netmask 掩码
（3）将端口或者地址池与 ACL 关联并执行超载
ip nat inside source list 编号 interface 对外接口 overload
或者：
ip nat inside source list 编号 pool 地址池 overload
//该命令在 cisco 模拟器中无效
//如果使用"interface 对外接口"的形式，第二步可以省略
（4）配置静态 PAT，发布对外业务(如果没有对外发布的业务,本条可省略)
ip nat inside source static tcp 私有地址 80 公网地址 80     //发布 web 服务器
ip nat inside source static tcp 私有地址 21 公网地址 21     //发布 FTP 服务器
（5）在内部接口上配置：ip nat inside
（6）在外部接口上配置：ip nat outside
```

### 3．PAT 的执行过程

一般情况下，一个单位从 ISP 申请的公网 IP 地址比较少，有时可能只申请到一个公网 IP 地址，这种情况下怎样做到既保障内部用户能够访问 Internet，又能够实现对外发布网站等功能呢？

由 TCP/IP 原理可知，用户要访问 Internet 上的主机，必须有一个 Internet 能够识别的 IP 地址，即公网地址。如果单位只有一个公网地址，此时内部的所有用户在访问 Internet 时都要使用该地址进行对外连接，为了能够区分到底是哪一个内部用户创建的对外连接，我们使用一个 16 位的端口号来加以区分，即不同用户创建的不同连接用不同的端口号来区分，同一用户创建的不同连接也用不同的端口号来区分。这样，用 IP 地址+端口号的一个二元组就可以唯一地识别不同用户或者同一用户创建的不同连接。

（1）动态 PAT

现在假设内网的主机 A 要访问外网的主机 H，当内部主机 A 访问外网的数据包经过局域网的出口路由器时，路由器提取该数据包包头中的部分信息，再加上一些辅助信息，动态地为主机 A 建立地址转换记录，一条转换记录代表一个连接，所有的地址转换记录就构成了地址转换表。当外部主机 H 的返回数据包到达路由器时，路由器从返回的数据包中提取某个信息，以此为关键字检索地址转换表，找到对应的内部主机，再交付给该主机。由此可知，路由器在刚启动时地址转换表是空的，内部用户访问外网的数据包经过路由器时会产生相应的转换记录，而当用户的返回数据包到达路由器时需要使用该地址转换记录。下面来分析路由器是如何构造地址转换表中的转换记录的。

　　数据包包头中可以利用的信息主要有源 IP 地址、源端口号、目的 IP 地址和目的端口号。要使路由器能够把收到的返回数据包正确地交付给内部主机,需要转换记录中内部主机的 IP 地址,否则无法正确交付。

　　由于内部多个用户可以同时访问同一台外部主机的同一项服务,因此用目的 IP 地址和目的端口号无法区分内部用户,把它们放在地址转换表中没有意义。

　　如果以(源 IP 地址,源端口号)的二元组作为地址转换记录,下面来分析是否可行。由于路由器在对外转发主机 A 的数据包时,要将主机 A 的数据包中的源 IP 地址修改为公网地址,该替换后的公网地址就是返回数据包中的目的 IP 地址,因此主机 A 的源 IP 地址不会出现在返回数据包中,也就无法用它来检索地址转换表。

　　又因为不同的内部用户在建立对外连接时,可以使用相同的源端口号,因此如果使用源端口号作为关键字检索地址转换表,则无法正确识别该数据包应该属于哪个内部用户。

　　由此可见,仅用(源 IP 地址,源端口号)这样的二元组作为地址转换记录是不够的。

　　一个巧妙的做法是,路由器在对外转发主机 A 的数据包时,将该数据包中的源端口号修改掉,假设原来的端口号为 $x$,现在用 $y$ 来替换它,$1024 < y \leqslant 65535$,且 $y$ 在此之前没有被使用过,也就不会有重复的现象。称 $y$ 为替换端口号,并将 $y$ 加入到转换记录中,因此转换记录就成为(源 IP 地址,源端口号,替换端口号)这样的结构。

　　当路由器收到返回的数据包时,从该数据包中提取目的端口号(即替换端口号),以此为关键字检索地址转换表,由于替换端口号具有唯一性,因此可以得到对应的源 IP 地址和源端口号,用它们替换返回数据包中的目的 IP 地址和目的端口号,路由器就可以将该数据包顺利地交付给内部主机 A。

　　由于现在使用的操作系统都是多任务系统,同一时刻可以运行多个软件,一个软件可以建立多个连接,例如打开某些大型网站时就需要建立多达二十多个连接。因此一个内部用户主机就需要同时使用多个替换端口号,假设内部主机平均需要建立 50 个连接,则需要使用 50 个替换端口号,这样的话,一个公网地址可同时供 $(65535 - 1024) / 50 \approx 1290$ 个用户使用。这对于中小规模的网络来说够用了,但对于大型网络来说显然是不够的。

　　TCP/IP 协议规定可以使用多个公网地址来实现私有地址的转换。现在假设有两个公网地址 P1 和 P2 同时提供地址转换,对 P1 和 P2 来说,其替换端口号都可以使用 1024～65535 中的任意一个,这就有可能重复。例如,某时刻内部主机 A 由 P1 提供地址转换,替换端口号为 2000,主机 B 由 P2 提供地址转换,替换端口号也为 2000。当路由器收到目的端口号为 2000 的数据包时,会同时检索到主机 A 和 B,这就无法实现正确的交付。为了解决这个问题,将实现地址转换的公网地址也加入转换记录中,并称之为替换 IP 地址,则转换记录变成(源 IP 地址,源端口号,替换 IP 地址,替换端口号)这样的结构,如图 6-3 所示。路由器以(替换 IP 地址,替换端口号)作为联合关键字来检索,就具有唯一性,从而实现正确的地址转换和数据包的交付。

　　在内部主机发起的一次对外连接会话中,路由器地址转换表中为它建立一条转换记录,该记录包含主机 A 的源 IP 地址、源端口号、替换后的 IP 地址和替换后的端口号。路由器在为主机 A 转发对外的数据包时,把数据包中的源 IP 地址修改为局域网的公网地址,源端口号修改为替换后的端口号,目的地址和目的端口号不变。

当路由器收到外网主机 H 返回给内网主机 A 的响应数据包时，路由器提取出数据包中的目的 IP 地址和目的端口号，并据此检索路由器中的地址转换表。如果存在替换 IP 地址和替换端口号与目的 IP 地址和目的端口号相等的某条记录，则读取对应的源 IP 地址和源端口号，并用它们来修改数据包中的目的地址和目的端口号，最后将数据包转发给主机 A。否则，丢弃该数据包。

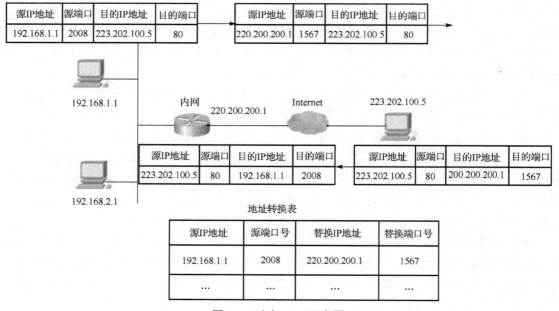

图 6-3　动态 PAT 示意图

下面详细介绍图 6-3 所示的动态 PAT 的工作流程。

①路由器从主机 A 发往外部网络主机 H 的第一个数据包中提取出源地址 192.168.1.1、源端口号 2008、目的地址 223.202.100.5 和目的端口号 80，选择一个大于 1024 的未被使用的端口号（如 1567），连同路由器的出口地址 220.200.200.1，填写地址转换表。记录中的源地址为 192.168.1.1，源端口号为 2008，替换后的地址为 220.200.200.1，替换后的端口号为 1567。

②路由器用 220.200.200.1 替换数据包中的源地址，用 1567 替换数据包中的源端口号 2008，经过替换后，转发该数据包。

③主机 223.202.100.5 收到数据包后，发送响应包，包中的源地址为 223.202.100.5，源端口号为 80，目的地址为 220.200.200.1，目的端口号为 1567。

④当路由器接收到从 Internet 返回的数据包时，从数据包中提取出目的 IP 地址 220.200.200.1 和目的端口号 1567，以此为联合关键字查找地址转换表，得到替换前的源 IP 地址 192.168.1.1 和源端口号 2008。路由器将该数据包中的目标地址修改为 192.168.1.1，目的端口号修改为 2008，并向内部进行转发。若在表中找不到替换 IP 地址为 220.200.200.1、替换端口号为 1567 的记录，则丢弃该数据包。

⑤主机 192.168.1.1 接收应答包，完成本次通信。

（2）静态 PAT

如果单位局域网有对外发布的服务，如 Web 服务，则对外提供服务的主机是不可以使用动态 PAT 的。

当局域网只有一个公网 IP 地址时，由于该 IP 地址已经作为路由器的出口地址，因此不能再把它分配给服务器单独使用，实际上该服务器配置的 IP 地址也可以是私有地址。但由于私有地址在 Internet 上是不可被访问的，因此，服务器对外显示时只能借用路由器的出口地址，也就是说，局域网的这一个公网地址既要用于内部用户通过动态 PAT 的方式访问 Internet，又要用于对外业务的发布。

由动态 PAT 的工作原理可知，只有当内部主机主动访问外部主机时，路由器才会为它动态地建立地址转换记录，如果内部主机不访问外网，路由器是不会为它建立地址转换记录的。而当外部主机访问内部服务器时，第一个数据包是从外部主机发给局域网路由器的，而此时路由器的地址转换表中并没有它的记录，数据包不能被路由器转发给服务器。因此，动态 PAT 方式对服务器来说是不适用的。

如果事先在路由器中为服务器建立一条地址转换记录，将源地址、源端口号、替换 IP 地址、替换端口号都固定下来。例如，对地址为 192.168.100.1 的 Web 服务器来说，转换记录中的表项如下：源地址为 192.168.100.1，源端口号为 80，替换 IP 地址为 220.200.200.1，替换端口号为80。这样，由于事先在路由器中已经存有这样一条转换记录，当外网主机访问内部服务器时，通过路由器对数据包中的目的地址和目的端口号进行替换后，就可以实现顺利访问。这种方式称为静态 PAT。

静态 PAT 的命令格式如下：

```
ip nat inside source static tcp/udp 私有地址 源端口号 公网地址 目的端口号
```

这里的源端口号和目的端口号一般是相同的，且为周知端口，如 Web 服务器端口号为 80。

## 6.3　公网地址可变的 PAT 配置

在 6.2 节介绍的 PAT 方式中，局域网出口路由器的对外端口是固定的公网 IP 地址。如果局域网出口路由器的公网地址不是固定地址，而是动态获取的 IP 地址，例如局域网出口路由器从 ISP 拨号获取公网 IP 地址，那么此时在出口路由器上也可以做 PAT。配置步骤如下。

①开启 VPDN。

②创建一个 VPDN 组。创建一个请求拨入的 VPDN 子组，指定建立的 VPDN 子组的会话类型。

③配置 bba 全局组。

④定义一个虚拟拨号接口。指定该接口自动协商 IP 地址、协议封装类型、要使用的拨号池、向认证方发送认证的用户名和密码。

⑤在路由器连接外网的端口上做以下配置：关联 PPPoE 全局组，指定 PPPoE 客户端使用的拨号池编号。

⑥创建一个需要做地址转换的访问列表。

⑦将访问列表与虚拟拨号接口关联，并执行超载。

下面通过一个实例来说明配置方法。

例 6.2　假设局域网出口路由器采用拨号的方式从 ISP 动态地获取公网 IP 地址，在出口路由器上配置 PAT，实现内部用户对外连接的地址转换，网络拓扑图如图 6-4 所示。本实验在 GNS3 环境下完成。

拓扑图中，R2 用来模拟 ISP，在 R2 中提供 PPPoE 拨号接入服务；R1 模拟内部局域网，R1 通过拨号的方式从 R2 获取公网 IP 地址。

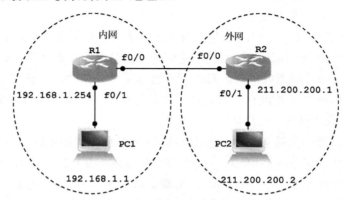

图 6-4　动态公网地址做 PAT 配置的网络拓扑图

路由器 R2 的配置如下：

```
Router(config)#host  R2
R2(config)#ip local pool pppoe_pool_1 200.100.100.1 200.100.100.200
R2(config)#interface Virtual-Template1
R2(config-if)ip address 200.100.100.254 255.255.255.0
R2(config-if)peer default ip address pool pppoe_pool_1
R2(config-if)ppp authentication pap
R2(config-if) #exit
R2(config)#username user1 password 0 user1
R2(config)#bba-group pppoe pppoe_client
R1(config-bba-group)#virtual-template 1
R1(config-bba-group)#exit
R2(config)#interface FastEthernet0/0
R2(config-if)pppoe enable group pppoe_client
R2(config-if) #exit
R2(config)#interface FastEthernet0/1
R2(config-if)ip address 211.200.200.1 255.255.255.0
R2(config-if) #exit
R2(config)#ip route 211.200.200.0 255.255.255.0 211.200.200.2
```

路由器 R1 的配置如下：

```
Router(config)#host  R1
R1(config)#vpdn enable                    //开启 VPDN
R1(config)#vpdn-group pppoe_client        //创建一个 VPDN 组
R1(config-vpdn)# request-dialin           //创建一个请求拨入的 VPDN 子组
R1(config-vpdn-req-in)# protocol pppoe    //指定建立的 VPDN 子组的会话类型
R1(config-vpdn-req-in)#exit
R1(config-vpdn)#exit
R1(config)#bba-group pppoe global         //配置 bba 全局组
R1(config-bba-group)#exit
//定义一个虚拟拨号接口 Dialer 1
R1(config)#interface Dialer1
```

```
R1(config-if)#ip address negotiated
                        //自动协商 IP 地址，也就是通过拨号获取 IP 地址
R1(config-if)#ip mtu 1492                    //设置 IP 数据包的 MTU 值
R1(config-if)#ip nat outside
R1(config-if)#encapsulation ppp              //封装 PPP 协议
R1(config-if)#dialer pool 1                  //指定要使用的拨号池
R1(config-if)#ppp pap sent-username user1 password 0 user1
                        //向主认证方发送认证用户名和密码
R1(config-if)#exit
R1(config)#interface FastEthernet0/0
R1(config-if)#ip nat outside
R1(config-if)#pppoe enable group global    //关联 pppoe 全局组
R1(config-if)#pppoe-client dial-pool-number 1
                        //指定 PPPoE 客户端使用的拨号池编号
R1(config-if)#exit
R1(config)#interface FastEthernet0/1
R1(config-if)#ip address 192.168.1.254 255.255.255.0
R1(config-if)#ip nat inside
R1(config-if)#exit
R1(config)#ip route 0.0.0.0 0.0.0.0 Dialer1
R1(config)#ip route 192.168.1.0 255.255.255.0 FastEthernet0/1
//定义一个访问控制列表，设置允许地址转换的内网网段
R1(config)#access-list 10 permit 192.168.1.0 0.0.0.255
//将编号为 10 的访问控制列表与虚拟拨号接口 Dialer 1 关联起来，并执行超载
R1(config)#ip nat inside source list 10 interface Dialer1 overload
```

　　路由器 R1 和 R2 按上述配置完成以后，接下来测试能否连接成功。首先查看 R1 能否从 R2 拨号获取 IP 地址，查看命令和显示的结果如下：

```
R1# show interface dialer 1
Dialer1 is up, line protocol is up (spoofing)
  Hardware is Unknown
  Internet address is 200.100.100.1/32
```

　　从显示的结果看出，R1 通过拨号已经从 R2 获取了 IP 地址（200.100.100.1）。

　　然后测试内网主机 PC1 能否访问外网主机 PC2，也就是测试 PAT 地址转换是否成功。首先需要在 VPCS 中给 PC1 和 PC2 配置 IP 地址，这里给 PC1 配置的地址为 192.168.1.1，给 PC2 配置的地址为 211.200.200.2，然后在 PC1 上执行"ping"命令，结果如图 6-5 所示。从测试结果看出，对 PC1 的地址转换已经成功。

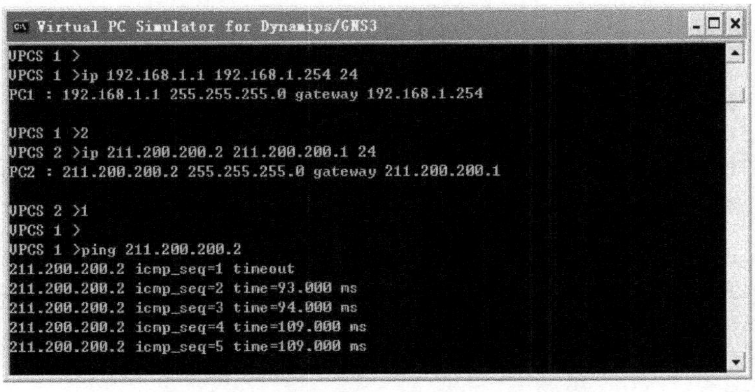

图 6-5　动态公网地址做 PAT 配置的测试结果

## 6.4　园区网络的设计与实现

### 6.4.1　需求分析和设计原则

#### 1．网络需求分析

园区网络建设的第一项工作就是要做好网络的需求分析，只有在充分的需求分析基础上，才能做出合理的设计方案，因此需求分析是网络建设的重要一环。需求分析主要包括以下几个方面。

（1）用户规模

一个单位网络的用户规模大小对网络的设计影响很大，因此在做网络设计时，首先要清楚地知道单位的用户数到底有多少。当然，单位当前已经存在的用户数是可以统计出来的，但是一般来说不能直接以这个数据作为用户规模大小，还要考虑到今后一段时期的扩展，尤其是像学校这样的网络弹性会比较大，要充分考虑到用户数的变化，应留有余地。

（2）内部业务系统

单位内部网络可能会提供办公系统、视频会议系统、语音等多项服务，单位内部的这些业务系统也是需求分析的重要方面。有的业务系统对网络的带宽有很高的要求，有时可能有突发性的大流量；有的业务系统可能需要组播服务等。只有对每一个业务系统的流量都分析清楚，才能为后期的设备选型提供依据，否则，可能导致选购的设备不能满足网络的实际需求，或者出现严重浪费等错误决策。

（3）内部建筑物的分布

网络内部各建筑物的分布也是要考虑的一个问题。楼宇之间的连接可以考虑使用光纤连接，一方面能够保证楼宇之间的连接带宽，另一方面使用光纤不受距离的限制；此外，现在的光纤价格相对便宜，光模块也不贵，一般单位都可以承受。如果各建筑物的分布情况较为复杂，还要考虑是否使用汇聚来连接分散的楼宇。

#### 2．网络的设计原则

在对用户的需求进行认真分析的基础上，就可以对网络进行规划设计了。网络的设计一般要参照以下原则。

（1）先进性

进行网络设计时应考虑使用业界广泛应用的网络结构和技术，体现先进的设计理念，避免使用落后的技术，浪费企业的投资。

（2）可靠性

网络的可靠性要高，网络拓扑结构采用稳定可靠的结构形式。对于医院、电力公司等对网络的稳定性和可靠性要求很高的单位，还应考虑使用 MSTP、VRRP 等冗余技术，以确保网络提供不间断服务。

（3）开放性

一般来说，单位的网络不太可能使用同一厂家的设备，即使本次建设时使用的是同一厂家的设备，也不能保证下一次网络扩容或改造时还使用同一厂家的设备。因此就要求网络应具有高度的开放性，即使用开放的标准协议和技术，尽量不要使用私有协议，以确保不同厂家的设备可以兼容使用。

（4）实用性

网络的结构设计和设备选型要具有最优的性价比，坚持实用、够用的原则，适当留有余地就可以了。如果是对原有网络进行改造升级，还应考虑保护原有的投资，若已有的设备仍可使用，则应继续使用，切不可铺张浪费。

（5）安全性

网络安全是重要的环节，做网络设计时应考虑哪些区域的信息是很敏感的，是否需要配备防火墙；哪些设备需要提供 ACL 支持，等等，做到网络的安全性可控。

（6）扩展性

要充分考虑到网络今后的扩容和升级，网络的结构要易于扩展，重要的设备应该采用模块化结构，以方便将来升级改造。

（7）可管理性

对大型网络来说，网络的管理是一项极其复杂的工作，因此就要求网络应具有较高的可管理性。最常用的方法是设备的远程管理，一般都要求设备具有此项功能，以方便网络管理员进行日常管理。

## 6.4.2　网络设计与设备选型

### 1．网络的设计

（1）网络结构设计

良好的网络结构是园区网络能够稳定运行的基础。一般来说，网络结构的设计与园区建筑物的分布密切相关，要综合考虑楼群的地理分布、每栋楼及每层的接入点数量等因素。随着千兆位以太网和万兆位以太网的快速发展，大多数单位的网络都选择层次化的以太网结构，如果网络的规模较大，可以考虑使用核心、汇聚、接入这样的三层结构；如果网络规模较小，可以使用核心和接入二层结构。同时，还要考虑楼与楼之间、设备与设备之间的连接带宽，例如，哪些连接可以使用百兆位以太网，哪些连接需要使用千兆位以太网，甚至需要使用万兆位以太网，这与后续的设备选型是密切相关的。总之，网络的结构与用户的规模和楼群的分布是密切相关的，要具体情况具体分析。

（2）网络路由设计

三层设备都会涉及路由问题，可以使用静态路由，也可以使用动态路由。由于动态路由具有良好的自适应性，管理简单，维护方便，因此建议使用 OSPF 或 RIP 等动态路由。这些协议和技术都是标准的协议，所有厂家的设备都是支持的，区别仅在于命令不同。

（3）冗余设计

如果网络对可靠性要求很高，就要考虑链路的冗余，甚至是设备的冗余。要根据用户的实际需求，考虑是设计成全冗余还是部分冗余，并对冗余要使用的技术标准提出明确的要求，因为不同厂家的设备所支持的技术标准可能有差异。

（4）与 Internet 连接的设计

大多数局域网都要与 Internet 连接来提供互联网的访问功能，此时需要考虑并发访问的用户规模。如果并发访问的用户较多，则网络出口路由器的并发连接数、每秒新建连接数、包转发率等重要指标就需要认真设计，要能够满足较大流量的并发访问。

### 2．设备的选择

设备的选择是以网络的规划设计为基础的，要根据网络的规模和拓扑结构来选择合适的网络设备，选用设备的技术指标应满足用户的需求，接口的数量应足够，尽量采用标准化的接口技术标准，以保证良好的兼容性。核心层和汇聚层使用模块化的设备，以利于今后扩容升级。

如果用户需要通过 DHCP 服务动态获取 IP 地址，这就要求汇聚交换机或核心交换机具备 DHCP 功能。由交换机来充当 DHCP 服务器，具有较高的性价比和稳定性。

网络的出口设备（路由器或防火墙）应具有端口地址转换（PAT）功能，以保证内部用户能够访问 Internet。

## 6.4.3　VLAN 与 IP 地址规划

### 1．VLAN 的规划设计

划分 VLAN 的目的是缩小广播域的大小，提高安全性，以及减小广播流量，因此，在做网络设计时，一定要认真规划好 VLAN 的大小。VLAN 划分得太大，就可能达不到预期的效果；VLAN 划分得太小，也不利于管理和维护，需要进行折中考虑。

一般来说，大多数局域网内部都会给普通用户分配私有地址，由于私有地址的空间较大，应该说是足够使用的，因此适度地划分就可以。

如果某个单位网络内部使用的是公网地址，这时划分 VLAN 就要进行科学合理的设计，因为多数情况下一个单位不可能拥有大量的公网地址，如果 VLAN 划分得不够合理，则可能导致 IP 地址浪费的现象。

### 2．IP 地址规划使用

（1）客户机 IP 地址的规划

局域网中客户机使用的 IP 地址一般都与 VLAN 有关，局域网内部客户机 IP 地址建议使用私有地址，只需对 VLAN 进行合理设计即可。

（2）设备互连地址的规划

局域网中可能会使用大量的网络设备，这些设备相互连接时是通过 IP 地址来实现的。

两台设备直连端口的 IP 地址应在同一网段，使用 2 个地址就够了，掩码为 255.255.255.252。需要注意的是，有些三层交换机的端口不允许配置 IP 地址，这时要用 VLAN 来连接。

（3）设备管理地址的规划

为了能够对设备进行远程管理，需要给每台设备分配一个管理地址。对三层设备来说，可以给它配置一个 Loopback 接口，用 Loopback 接口地址作为该设备的管理地址会更加方便可靠。

二层交换机的管理地址一般使用 VLAN 1 的地址，其网关为上一层（汇聚或核心）交换机中 VLAN 1 的地址。进行网络地址规划时，要为每一栋楼预留足够的管理地址空间，以备将来的升级改造。例如，某 A#楼与 B#楼在建设初期各有三台接入交换机，其管理地址分别为 172.16.1.1-3 和 172.16.1.4-6，这样规划的管理地址在运行初期是没有问题的，地址空间是连续的，便于记忆。如果一段时间后，A#楼需要扩容，交换机的数量增加了几台，则 A#楼的管理地址空间就不够了，需要增加管理地址的数量，这时增加的管理地址与原有的管理地址空间不连续，不便于记忆。如果在初期给每栋楼的管理地址空间大一点，为将来的升级扩容预留一部分地址空间，就不会出现混乱的情况。

### 6.4.4　一个基本的园区网络实例

前面章节已经介绍了路由器和交换机的基本配置方法，本节将运用相关知识来搭建一个基本的园区网络，拓扑结构如图 6-6 所示。

例 6.3　综合园区网实例。假设单位从 ISP 只分配了一个公网地址，在出口路由器上做动态 PAT 实现用户的地址转换，同时启用静态 PAT 对外发布 Web 服务，局域网内部用户采用 DHCP 方式动态分配 IP 地址。本例在 Cisco Packet Tracer 6.0 下完成。

图 6-6 中的 R2、Server1 和 PC10 属于外网，其余设备属于内网，服务器 Server0 对外提供 Web 服务。为了能够模拟出真实的效果，本例已对外网的设备也进行了配置，但需要注意的是，在实际工作中，外网的设备是不需要自己配置的，因为它们不属于网络设计者的管理范围。

在本例中，内部网络采用核心、汇聚和接入的三层架构，这也是中等规模的网络普遍采用的网络结构。路由器 R1 是局域网的出口，交换机 S1 作为核心交换机，S2 和 S3 作为汇聚交换机，S4～S7 是二层交换机，作为接入设备，各个设备之间的连接端口和地址如图中标注所示，设备的互连与 6.1 节中的例 6.1 相同。在汇聚交换机 S2 和 S3 中启动 DHCP 服务，为下面的计算机动态分配 IP 地址，PC1 使用 vlan 10，PC2 使用 vlan 20，PC3 使用 vlan 30，PC4 使用 vlan 40，服务器 Server0 使用 vlan 100，并使用静态地址。

路由器 R1 与三层交换机 S1、S2、S3 之间使用 OSPF 动态路由，R1 到 R2 使用默认路由，R2 到 R1 使用静态路由。在 R1 上启用动态 PAT 为内部用户提供动态地址转换，并为服务器 Server0 配置静态 PAT，以便外部用户可以访问服务器 Server0 的 Web 服务。

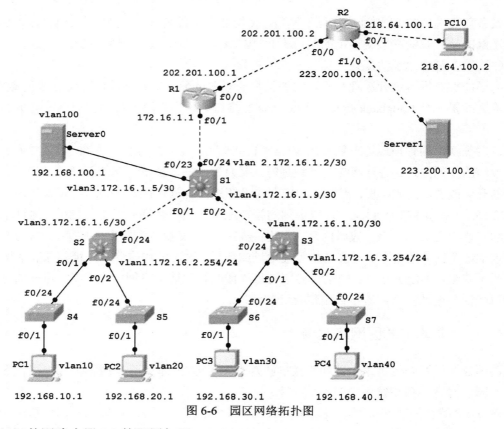

图 6-6　园区网络拓扑图

（1）外网路由器 R2 的配置如下：

```
Router(config)#host R2
R2(config)#interface FastEthernet0/0
R2(config-if)#no shutdown
R2(config-if)#ip address 202.201.100.2 255.255.255.252
R2(config-if)#exit
R2(config)#interface FastEthernet0/1
R2(config-if)#no shutdown
R2(config-if)#ip address 218.64.100.1 255.255.255.252
R2(config-if)#exit
R2(config)#interface FastEthernet1/0
R2(config-if)#no shutdown
R2(config-if)#ip address 223.200.100.1 255.255.255.252
R2(config-if)#exit
R2(config)#ip route 202.201.100.0 255.255.255.252 202.201.100.1
R2(config)#ip route 218.64.100.0 255.255.255.252 FastEthernet0/1
R2(config)#ip route 223.200.100.0 255.255.255.252 FastEthernet1/0
```

（2）局域网出口路由器 R1 的配置如下：

```
Router(config)#host R1
R1(config)#interface FastEthernet0/0
R1(config-if)#no shutdown
R1(config-if)#ip address 202.201.100.1 255.255.255.252
R1(config-if)#ip nat outside
R1(config-if)#exit
```

```
R1(config)#interface FastEthernet0/1
R1(config-if)#no shutdown
R1(config-if)#ip address 172.16.1.1 255.255.255.252
R1(config-if)#ip nat inside
R1(config-if)#exit
//定义一个编号为 10 的访问控制列表，设置允许地址转换的内网网段
R1(config)#access-list 10 permit 192.168.0.0 0.0.255.255
//将编号为 10 的访问控制列表与对外接口 F0/0 关联起来，并执行超载
R1(config)#ip nat inside source list 10 interface FastEthernet0/0 overload
//配置静态 PAT，发布对外服务
R1(config)#ip nat inside source static tcp 192.168.100.1 80 202.201.100.1 80
R1(config)#ip route 0.0.0.0 0.0.0.0 202.201.100.2
R1(config)#router ospf 1
R1(config-router)#network 172.16.1.0 0.0.0.3 area 0
R1(config-router)#default-information originate      //将默认路由引入到 OSPF 中
R1(config-router)#exit
```

（3）核心交换机 S1 的配置如下：

```
Switch(config)#host S1
S1(config)#vlan 2
S1(config)#exit
S1(config)#vlan 3
S1(config)#exit
S1(config)#vlan 4
S1(config)#exit
S1(config)#vlan 100
S1(config)#exit
S1(config)#ip routing
S1(config)#interface FastEthernet0/1
S1(config-if)#switchport access vlan 3
S1(config-if)#exit
S1(config)#interface FastEthernet0/2
S1(config-if)#switchport access vlan 4
S1(config-if)#exit
S1(config)#interface FastEthernet0/23
S1(config-if)#switchport access vlan 100
S1(config-if)#exit
S1(config)#interface FastEthernet0/24
S1(config-if)#switchport access vlan 2
S1(config-if)#exit
S1(config)#interface Vlan2
S1(config-if)#ip address 172.16.1.2 255.255.255.252
S1(config-if)#exit
S1(config)#interface Vlan3
S1(config-if)#ip address 172.16.1.5 255.255.255.252
S1(config-if)#exit
S1(config)#interface Vlan4
S1(config-if)#ip address 172.16.1.9 255.255.255.252
S1(config-if)#exit
S1(config)#interface Vlan100
S1(config-if)#ip address 192.168.100.254 255.255.255.0
S1(config-if)#exit
```

```
S1(config)#router ospf 1
S1(config-router)#network 172.16.1.0 0.0.0.3 area 0
S1(config-router)#network 172.16.1.4 0.0.0.3 area 0
S1(config-router)#network 172.16.1.8 0.0.0.3 area 0
S1(config-router)#network 192.168.100.0 0.0.0.255 area 0
S1(config-router)#exit
```

（4）汇聚交换机 S2 的配置如下：

```
Switch(config)#host S2
S2(config)#vlan 3
S2(config)#exit
S2(config)#vlan 10
S2(config)#exit
S2(config)#vlan 20
S2(config)#exit
S2(config)#ip dhcp pool v10
S2(dhcp-config)#network 192.168.10.0 255.255.255.0
S2(dhcp-config)#default-router 192.168.10.254
S2(dhcp-config)#dns-server 61.128.114.166
S2(dhcp-config)#exit
S2(config)#ip dhcp pool v20
S2(dhcp-config)#network 192.168.20.0 255.255.255.0
S2(dhcp-config)#default-router 192.168.20.254
S2(dhcp-config)#dns-server 61.128.114.166
S2(dhcp-config)#exit
S2(config)#ip routing
S2(config)#interface FastEthernet0/1
S2(config-if)#switchport trunk allowed vlan 1,10
S2(config-if)#switchport trunk encapsulation dot1q
S2(config-if)#switchport mode trunk
S2(config-if)#exit
S2(config)#interface FastEthernet0/2
S2(config-if)#switchport trunk allowed vlan 1,20
S2(config-if)#switchport trunk encapsulation dot1q
S2(config-if)#switchport mode trunk
S2(config-if)#exit
S2(config)#interface FastEthernet0/24
S2(config-if)#switchport access vlan 3
S2(config-if)#exit
S2(config)#interface Vlan1
S2(config-if)#no shut
S2(config-if)#ip address 172.16.2.254 255.255.255.0
S2(config-if)#exit
S2(config)#interface Vlan3
S2(config-if)#ip address 172.16.1.6 255.255.255.252
S2(config-if)#exit
S2(config)#interface Vlan10
S2(config-if)#ip address 192.168.10.254 255.255.255.0
S2(config-if)#exit
S2(config)#interface Vlan20
S2(config-if)#ip address 192.168.20.254 255.255.255.0
```

```
S2(config-if)#exit
S2(config)#router ospf 1
S2(config-router)#network 172.16.1.4 0.0.0.3 area 0
S2(config-router)#network 172.16.2.0 0.0.0.255 area 0
S2(config-router)#network 192.168.10.0 0.0.0.255 area 0
S2(config-router)#network 192.168.20.0 0.0.0.255 area 0
S2(config-router)#exit
```

（5）汇聚交换机 S3 的配置如下：

```
Switch(config)#host S3
S3(config)#vlan 4
S3(config)#exit
S3(config)#vlan 30
S3(config)#exit
S3(config)#vlan 40
S3(config)#exit
S3(config)#ip dhcp pool v30
S3(dhcp-config)#network 192.168.30.0 255.255.255.0
S3(dhcp-config)#default-router 192.168.30.254
S3(dhcp-config)#dns-server 61.128.114.166
S3(dhcp-config)#exit
S3(config)#ip dhcp pool v40
S3(dhcp-config)#network 192.168.40.0 255.255.255.0
S3(dhcp-config)#default-router 192.168.40.254
S3(dhcp-config)#dns-server 61.128.114.166
S3(dhcp-config)#exit
S3(config)#ip routing
S3(config)#interface FastEthernet0/1
S3(config-if)#switchport trunk allowed vlan 1,30
S3(config-if)#switchport trunk encapsulation dot1q
S3(config-if)#switchport mode trunk
S3(config-if)#exit
S3(config)#interface FastEthernet0/2
S3(config-if)#switchport trunk allowed vlan 1,40
S3(config-if)#switchport trunk encapsulation dot1q
S3(config-if)#switchport mode trunk
S3(config-if)#exit
S3(config)#interface FastEthernet0/24
S3(config-if)#switchport access vlan 4
S3(config-if)#exit
S3(config)#interface Vlan1
S3(config-if)#no shut
S3(config-if)#ip address 172.16.3.254 255.255.255.0
S3(config-if)#exit
S3(config)#interface Vlan4
S3(config-if)#ip address 172.16.1.10 255.255.255.252
S3(config-if)#exit
S3(config)#interface Vlan30
S3(config-if)#ip address 192.168.30.254 255.255.255.0
S3(config-if)#exit
S3(config)#interface Vlan40
```

```
S3(config-if)#ip address 192.168.40.254 255.255.255.0
S3(config-if)#exit
S3(config)#router ospf 1
S3(config-router)#network 172.16.1.8 0.0.0.3 area 0
S3(config-router)#network 172.16.3.0 0.0.0.255 area 0
S3(config-router)#network 192.168.30.0 0.0.0.255 area 0
S3(config-router)#network 192.168.40.0 0.0.0.255 area 0
S3(config-router)#exit
```

（6）接入层交换机 S4 的配置如下：

```
Switch(config)#host S4
S4(config)#vlan 10
S4(config)#exit
S4(config)#interface FastEthernet0/1
S4(config-if)#switchport access vlan 10
S4(config-if)#exit
S4(config)#interface FastEthernet0/24
S4(config-if)#switchport trunk allowed vlan 1,10
S4(config-if)#switchport mode trunk
S4(config-if)#exit
S4(config)#interface Vlan1
S4(config-if)#no shut
S4(config-if)#ip address 172.16.2.1 255.255.255.0
S4(config-if)#exit
S4(config)#ip default-gateway 172.16.2.254
```

（7）接入层交换机 S5 的配置如下：

```
Switch(config)#host S5
S5(config)#vlan 20
S5(config)#exit
S5(config)#interface FastEthernet0/1
S5(config-if)#switchport access vlan 20
S5(config-if)#exit
S5(config)#interface FastEthernet0/24
S5(config-if)#switchport trunk allowed vlan 1,20
S5(config-if)#switchport mode trunk
S5(config-if)#exit
S5(config)#interface Vlan1
S5(config-if)#no shut
S5(config-if)#ip address 172.16.2.2 255.255.255.0
S5(config-if)#exit
S5(config)#ip default-gateway 172.16.2.254
```

（8）接入层交换机 S6 的配置如下：

```
Switch(config)#host S6
S6(config)#vlan 30
S6(config)#exit
S6(config)#interface FastEthernet0/1
S6(config-if)#switchport access vlan 30
S6(config-if)#exit
S6(config)#interface FastEthernet0/24
```

```
S6(config-if)#switchport trunk allowed vlan 1,30
S6(config-if)#switchport mode trunk
S6(config-if)#exit
S6(config)#interface Vlan1
S6(config-if)#no shut
S6(config-if)#ip address 172.16.3.1 255.255.255.0
S6(config-if)#exit
S6(config)#ip default-gateway 172.16.3.254
```

（9）接入层交换机 S7 的配置如下：

```
Switch(config)#host S7
S7(config)#vlan 40
S7(config)#exit
S7(config)#interface FastEthernet0/1
S7(config-if)#switchport access vlan 40
S7(config-if)#exit
S7(config)#interface FastEthernet0/24
S7(config-if)#switchport trunk allowed vlan 1,40
S7(config-if)#switchport mode trunk
S7(config-if)#exit
S7(config)#interface Vlan1
S7(config-if)#no shut
S7(config-if)#ip address 172.16.3.2 255.255.255.0
S7(config-if)#exit
S7(config)#ip default-gateway 172.16.3.254
```

各个设备配置好以后，接下来测试网络的工作情况。PC2 动态获取地址的操作如图 6-7
所示，其他 PC 获取地址的情况类似。

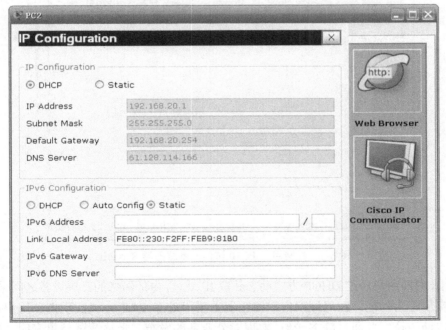

图 6-7　PC2 获取的 IP 地址

内部用户 PC2 访问外网 Server1 的 Web 网站如图 6-8 所示。

图 6-8　内部用户 PC2 访问外网

外部网络的主机 PC10 访问内部服务器 Server0 如图 6-9 所示。

图 6-9　外网用户 PC10 访问内部服务器 Server0

本例中，内部用户通过 DHCP 方式动态获取 IP 地址，内部网络的三层设备之间采用 OSPF 动态路由实现路由功能，在局域网出口路由器上采用动态 PAT 方式实现内部用户在访问外网时进行地址转换，并通过静态 PAT 实现对外业务的发布。上述测试结果表明，整个网络工作正常，达到了预期目的。

## 6.5　构建高性能的园区网络

### 6.5.1　使用 POS 接口

POS 全称为 Packet Over SONET/SDH，又称为 IP Over SONET/SDH。顾名思义，POS 接口通过 SDH 提供的高速传输通道直接传送 IP 分组。

1985 年，Bellcore 提出 SONET（Synchronous Optical Network，同步光纤网）标准，随后美国国家标准协会（ANSI）接受并通过了 SONET 的相关标准。1989 年，国际电报电话咨询委员会（CCITT）接受了 SONET 概念并制定了 SDH（Synchronous Digital Hierarchy，同步数字体系）标准，使之成为国际标准。SDH 标准可以同时适合于光纤、微波和卫星的传输通信。SDH 与 SONET 的差别不大，因此一般统称为 SDH/SONET 光同步数字传输网，被广泛应用于骨干网的传输。SONET 多用于北美和日本，SDH 多用于中国和欧洲。

POS 接口使用 SONET/SDH 作为物理层协议，在 HDLC（High-level Data Link Control，高级数据链路控制）帧中封装分组业务，使用 PPP 作为数据链路层的链路控制，IP 分组业务则运行在网络层。这样在 SONET/SDH 链路上就可以传输 IP 分组了。

POS 接口可以提供 155Mbps、622Mbps、2.5Gbps 和 10Gbps 的传输速率，最高传输速率达 10Gbps。正是由于 POS 接口很高的传输速率，使之成为广域网的传输首选。由于 POS 接口的底层传输介质使用的是光纤，只要光纤两端连接的路由器或交换机支持 POS 接口，在路由器或交换机上插入 POS 模块即可，因此 POS 技术也可以应用于大型园区网络的建设。例如，在大型园区网络的汇聚层和核心层之间采用 POS 接口提供高速链路，可以解决网络传输的瓶颈问题。

POS 接口的配置参数主要有接口 IP 地址、接口带宽、接口的链路层协议、接口的帧格式、接口的 CRC 校验以及 flag 标志等。

**例 6.4**　POS 接口配置。在 GNS3 中建立如图 6-10 所示的拓扑图，并在两台路由器的 Slot 1 插槽中分别添加 PA-POS-OC3 模块，便可使用 POS 接口，接口名称为 p1/0。

图 6-10　使用 POS 接口示例

R1 的主要配置：

```
R1(config)#interface pos1/0
R1(config-if)#ip add 192.168.1.1 255.255.255.0
R1(config-if)#no shut
R1(config-if)#bandwidth 2500000
R1(config-if)#pos framing sdh
R1(config-if)#pos flag s1s0 2
R1(config-if)#crc 32
R1(config-if)# mtu 1500
```

bandwidth 2500000 表示设置接口带宽为 2.5Gbps。

pos framing sdh 表示设置帧格式为 SDH，默认的帧格式为 SONET。

pos flag s1s0 2 表示帧头中净负荷类型的标志，s1s0 = 00 表示 SONET 帧的数据，s1s0 = 10（十进制数为 2）表示 SDH 帧的数据。

crc 32 设置 CRC 的校验位，可以是 16 或 32。

mtu 1500 设置接口最大传输单元，即包的最大尺寸为 1500 字节。

上述 POS 接口参数的设置，两端应一致，否则有可能导致不通。

R2 的配置与 R1 类似，只要把 IP 地址改为 192.168.1.2 即可。可以测试 R1 与 R2 之间的连通性，两台路由器之间可以相互 ping 通，表明两端路由器的 POS 接口配置成功。

## 6.5.2　链路汇聚

### 1．链路汇聚简介

链路汇聚（Link Aggregation）又称端口汇聚，也称为以太通道（Ether Channel），是指将多个物理端口捆绑在一起，成为一个逻辑端口，对外表现为一个单一的端口。它将多条特性相同（速率、双工模式等）的物理链路结合成一个单个的逻辑链路，该逻辑链路的带宽是加入该逻辑链路的各个物理链路带宽的总和。

链路汇聚除了具有增加链路带宽的功能，还具有负载均衡和链路备份的功能。它可以在多条链路上均衡分配流量，起到负载分担的作用。当一条或几条链路发生故障时，只要还有链路能正常工作，流量将自动转移到其他的链路上。重新分配的过程在很短的时间内完成，从而起到冗余的作用，增强了网络的稳定性和安全性。

目前用于链路汇聚的协议主要有 PAgP 和 LACP，其中 PAgP（Port Aggregation Protocol 端口汇聚协议）是 Cisco 的私有协议，而 LACP（Link Aggregation Control Protocol 链路汇聚控制协议）是基于 IEEE 802.3ad 的国际标准。

### 2．链路汇聚基本配置

（1）选择要配置为聚合链路的物理端口组，一个汇聚组可以包含 8 个物理端口：

```
Switch（config）#interface range fa0/x1 - x2
                        //指定端口号为 x1 到 x2 之间的端口构建汇聚组
```

（2）设置汇聚组内所有物理端口为全双工模式：

```
Switch（config-if）# duplex  full
```

（3）设置汇聚组内所有物理端口的速率：

```
Switch（config-if）# speed 100
```

（4）将汇聚组内所有物理端口设置为同一模式：

设置为 access 模式：

```
Switch（config-if）#swichport mode access
Switch（config-if）#swichport access vlan  编号
```

或者设置为 trunk 模式：

```
Switch（config-if）#swichport mode trunk
```

（5）创建汇聚组，并设置工作模式：

```
Switch (config-if) #channel-group 汇聚组编号 mode 模式
```

该命令执行后，将产生一个名为 Port-channel 1 的逻辑接口。

汇聚组编号介于 1～N 之间，不同品牌和不同档次的交换机可以建立的汇聚组数量可能不同，编号只对本端设备有效，链路两端的编号可以不相同。汇聚组的工作模式有 active、passive、auto、desirable、on。

- active：启动 LACP 协议，并设置为主动模式，会发送和接收协商信息。
- passive：启动 LACP 协议，并设置为被动模式，不发送协商信息，只接收协商信息。
- auto：启动 PAgP 协议，不发送协商信息，只接收协商信息。
- desirable：启动 PAgP 协议，会发送和接收协商信息。
- on：是一种强制模式，使所选端口强制加入以太通道。如果使用 on 模式，则要求两端都需要配置为 on 模式。

执行"channel-group"命令后，将产生一个名为 Port-channel 1 的逻辑接口，该接口就是端口汇聚组的接口。

例 6.5　链路汇聚配置示例（在 Cisco PT 环境下实现）。在图 6-11 所示的拓扑图中，2 台交换机的 f0/1～3 共 3 个端口组成汇聚组，端口之间通过 trunk 连接，交换机 S1 设置为 active模式，S2 设置为 passive 模式。

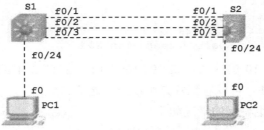

图 6-11　端口汇聚示例

交换机 S1 的配置：

```
Switch(config)#host S1
S1(config)#vlan 10
S1(config-vlan)#exit
S1(config)#vlan 20
S1(config-vlan)#exit
S1(config)#interface range f0/1 - 3
S1(config-if-range)#switchport trunk encapsulation dot1q
S1(config-if-range)#switchport mode trunk
S1(config-if-range)#duplex full
S1(config-if-range)#speed 100
S1(config-if-range)#channel-group 1 mode active   //创建汇聚组，模式为active
S1(config-if-range)#exit
S1(config)#interface vlan 10
S1(config-if)#ip add 192.168.10.254 255.255.255.0
S1(config-if)#exit
S1(config)#interface vlan 20
```

```
S1(config-if)#ip add 192.168.20.254 255.255.255.0
S1(config-if)#exit
S1(config)#ip routing
S1(config)#interface f0/24
S1(config-if)#switchport access vlan 10
```

交换机 S2 的配置：

```
Switch(config)#host S2
S2(config)#vlan 10
S2(config-vlan)#exit
S2(config)#vlan 20
S2(config-vlan)#exit
S2(config)#interface range f0/1 - 3
S2(config-if-range)#switchport trunk encapsulation dot1q
S2(config-if-range)#switchport mode trunk
S2(config-if-range)#duplex full
S2(config-if-range)#speed 100
S2(config-if-range)#channel-group 1 mode passive  //创建汇聚组，模式为passive
S2(config-if-range)#exit
S2(config)#interface vlan 10
S2(config-if)#ip add 192.168.10.254 255.255.255.0
S2(config-if)#exit
S2(config)#interface vlan 20
S2(config-if)#ip add 192.168.20.254 255.255.255.0
S2(config-if)#exit
S2(config)#ip routing
S2(config)#interface f0/24
S2(config-if)#switchport access vlan 20
```

在 PC1 中配置 vlan 10 的地址，如 192.168.10.1，在 PC2 中配置 vlan 20 的地址，如 192.168.20.1，测试连通性，可以看到双方可以正常通信。

在交换机 S1 中查看汇聚组的情况如下：

```
S1#show etherchannel summary
Flags: D - down        P - in port-channel
       I - stand-alone s - suspended
       H - Hot-standby (LACP only)
       R - Layer3      S - Layer2
       U - in use      f - failed to allocate aggregator
       u - unsuitable for bundling
       w - waiting to be aggregated
       d - default port
   Number of channel-groups in use: 1
   Number of aggregators:           1
   Group  Port-channel  Protocol    Ports
------+-----------+---------+------------------------------------------
   1    Po1(SU)        LACP    Fa0/1(I) Fa0/2(P) Fa0/3(P)
```

从显示的结果可以看到，编号为 group 1 的 etherchannel（以太通道，也就是链路汇聚组）已经形成。Port-channel 的状态为"SU"，表示 etherchannel 正常，如果显示为"SD"，则表示不正常，可能需要重启 Port-channel，或查找其他原因。

也可以用"show etherchannel port-channel"命令查看 etherchannel 包含的物理接口情况：

```
S2#show  etherchannel  port-channel
              Channel-group listing:
              ----------------------
Group: 1
----------
              Port-channels in the group:
              ---------------------------
Port-channel: Po1    (Primary Aggregator)
------------
Age of the Port-channel  = 00d:00h:23m:22s
Logical slot/port  = 2/1      Number of ports = 3
GC                 = 0x00000000     HotStandBy port = null
Port state         = Port-channel
Protocol           =  LACP
Port Security      = Disabled
Ports in the Port-channel:
Index   Load   Port    EC state          No of bits
------+------+------+------------------+-----------
   0     00    Fa0/1   Passive              0
   0     00    Fa0/2   Passive              0
   0     00    Fa0/3   Passive              0
```

上述结果表明，交换机 S2 的 etherchannel 也已形成，汇聚组下的 3 个物理端口都处于 passive 模式，逻辑接口 Port-channel 工作正常。

### 3．配置链路汇聚注意事项

配置链路汇聚时，需要注意以下几个方面：

（1）同一个汇聚组中的各个物理端口应该具有相同的类型，例如都是以太电口或者都是光口；

（2）所有物理端口必须属于同一 VLAN 或 trunk；

（3）同一汇聚组中的各个物理端口应具有相同的速率、双工模式，LACP 协议要求必须采用全双工工作模式；

（4）不同厂家的设备互连且要做链路汇聚时，最好使用 LACP 协议，因为 PAgP 协议是 Cisco 的私有协议，其他厂家可能不支持。

### 4．配置链路汇聚负载均衡

链路汇聚的一个优点是，可以在构成以太通道（汇聚组形成的逻辑通道）的各个物理链路上实现流量的负载均衡。要启用负载均衡功能，需要在全局模式下使用以下命令：

```
Switch(config)#port-channel load-balance 均衡与转发方式
```

其中，均衡与转发方式有以下几种。

（1）dst-ip

基于目的 IP 地址的负载均衡。当数据包被转发到一个以太通道时，交换机使用以太通道里的哪个物理接口来转发数据包，是由目的 IP 地址决定的。因此，从相同源 IP 地址发送到不同目的 IP 地址的数据包将通过汇聚组中不同的物理接口来传输，但不同源 IP 地址发送到相同目的 IP 地址的数据包总是由汇聚组中相同的物理接口来传输。

（2）dst-mac

基于目的 MAC 的负载均衡。当数据包被发送到一个以太通道时，交换机使用以太通道里的哪个物理接口来转发数据包，是由目的 MAC 地址决定的。因此，从相同源 MAC 地址发送到不同目的 MAC 地址的数据包将通过汇聚组中不同的物理接口来传输，但不同源 MAC 地址发送到相同目的 MAC 地址的数据包总是由汇聚组中相同的物理接口来传输。

（3）src-ip

基于源 IP 的负载均衡。当数据包被发送到一个以太通道时，交换机使用以太通道里的哪个物理接口来转发数据包，是由源 IP 地址决定的。因此，具有相同源 IP 地址的数据包以相同的物理端口转发，源 IP 地址不同的数据包被转发到通道里不同的物理端口。

（4）src-mac

基于源 MAC 的负载均衡。当数据包被发送到一个以太通道时，交换机使用以太通道里的哪个物理接口来转发数据包，是由源 MAC 地址决定的。因此，具有相同源 MAC 地址的数据包以相同的端口转发，源 MAC 地址不同的数据包被转发到通道里不同的物理端口。

（5）src-dst-ip

基于源 IP 和目的 IP 地址的负载均衡。当以太通道转发数据包时，是同时基于源 IP 地址和目的 IP 地址的，是两者的组合。如果在一台交换机上不清楚该用源 IP 地址还是目的 IP 地址转发时，它是很有用的。采用这种方法，从 IP 地址 A 到 IP 地址 B，与从 IP 地址 A 到 IP 地址 C 的数据包在通道中将使用不同的物理端口。

（6）src-dst-mac

基于源 MAC 和目的 MAC 的负载均衡。其基本原理与 src-dst-ip 类似，只是将 IP 地址改为 MAC 地址即可。

不同的负载均衡有不同的优势，没有统一的标准，负载均衡方法的选择应该是基于网络中交换机的位置和需要负载分担的流量类型来决定的，有时以太通道两边的均衡方式也可能不同。例如，在图 6-12 所示的网络中，如果交换机 S2 连接的是服务器，客户计算机连接在 S1 上，这时交换机 S1 应该配置为基于 src-ip 的负载均衡方式，而 S2 应该配置为基于 dst-ip 的负载均衡方式。

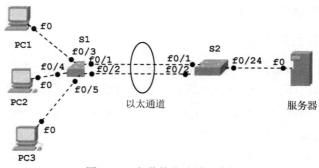

图 6-12　负载均衡方式示例

### 5. 以太通道（汇聚组）的管理

（1）从以太通道中删除物理端口

如果想删除以太通道中的某个端口，可将该端口还原为普通端口。例如，将以太通道中物理端口 f0/3 删除，可执行如下操作：

```
Switch(config)#interface f0/3
Switch(config-if)#no channel-group
```

（2）删除以太通道

如果不再需要某个以前配置好的以太通道，可以直接将其删除。以太通道删除以后，会释放通道中的所有物理端口，使之还原为普通的物理端口，操作如下：

```
Switch(config)#no interface port-channel  通道编号
```

例如，某时刻交换机的端口和以太通道情况如下：

```
interface FastEthernet0/1
  channel-group 1 mode on
interface FastEthernet0/2
  channel-group 1 mode on
interface Port-channel 1
```

执行命令"Switch(config)#no interface port-channel 1"后，逻辑接口 Port-channel 1 被删除了；同时，端口 f0/1 和 f0/2 下面的"channel-group 1 mode on"也没有了，即端口 f0/1 和 f0/2 已还原为普通以太端口。

### 6. 链路汇聚与 STP 的比较

链路汇聚与 STP 两种技术的不同之处主要有以下 3 点。

（1）链路汇聚是将多条物理链路汇聚成一条逻辑链路，对外表现为一条链路，其带宽是各条物理链路的总和，主要目的是扩大链路的带宽，同时具有负载均衡和冗余备份的功能。STP 是利用冗余链路来解决网络单点故障导致网络不通的问题，同时消除网络环路，即产生一棵无环的生成树。由此可见，两者的出发点是不同的。

（2）两者物理链路的利用率不同。以图 6-13 为例，如果两边交换机都运行链路汇聚协议，则 3 条链路会同时工作，可以同时转发数据包。但是如果运行 STP 协议，则 3 条链路中只有 1 条处于转发状态，其余 2 条处于阻塞状态，不承载任何用户数据，如果处于转发状态的链路永远都不会出故障，那么另外 2 条链路永远都处于闲置状态。因此，链路汇聚技术物理链路的利用率比 STP 的要高。

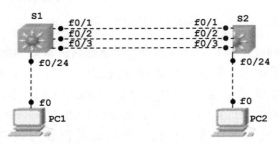

图 6-13　链路汇聚与 STP 的比较

（3）如果处于正常工作状态的物理链路发生故障，交换机会在很短的时间内将流量分担到汇聚组内工作正常的其他端口。而 STP 重新计算生成树的时间长得多，会有更大的延迟，这一点对延迟要求很高的网络非常重要。

两种技术的相同或相似之处在于：

（1）两者都要使用多条物理链路；

（2）两者都有冗余备份的功能；

（3）两者都可以在二层和三层设备上使用。

### 6.5.3　使用 VRRP 协议

#### 1．VRRP 概述

VRRP（Virtual Router Redundancy Protocol，虚拟路由冗余协议）是一种路由容错协议，它将局域网内的一组路由器组织成一个虚拟路由器（也称为备份组），该虚拟路由器包括一个称为 Master 的主路由器和若干称为 Backup 的备份路由器。正常情况下，由主路由器 Master 负责转发数据包，当主路由器出现故障时，备份路由器将成为主路由器，代替主路由器实现转发功能，从而保证网络通信不中断。

经典的 VRRP 应用可以这样来理解：局域网络内的所有主机都要设置默认网关（默认路由），当局域网内主机发出的数据包的目的地址不在本网段时，数据包将被通过默认路由发往外部路由器，从而实现了内部主机与外部网络的通信。在图 6-14 所示的例子中，假设 Router A 是用户的默认网关，正常情况下，内部所有主机与外部网络的通信都是通过 Router A 来完成的，但是当 Router A 出现故障后，内部主机将无法与外部通信，如果路由器配置了 VRRP 协议，那么这时 VRRP 将启用备份路由器来接管转发工作，从而保证局域网用户与外部网络的通信正常进行。

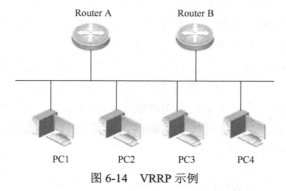

图 6-14　VRRP 示例

在图 6-14 中，将 Router A 和 Router B 构成一个虚拟路由器（Router A 为 Master，Router B 为 Backup），这个虚拟的路由器拥有自己的 IP 地址 211.100.100.1，每个真实路由器也有自己的 IP 地址，Master 的 IP 地址为 211.100.100.2，Backup 的 IP 地址为 211.100.100.3。局域网内的主机只需要知道这个虚拟路由器的 IP 地址 211.100.100.1 即可，而不需要知道 Master 的地址和 Backup 的地址。各主机将自己的默认网关设置为该虚拟路由器的 IP 地址 211.100.100.1，网络内的主机就通过这个虚拟路由器来与其他网络进行通信。如果某一时刻

Master 出现故障，则 Backup 会成为 Master，继续向网络内的主机提供路由服务，从而实现网络内的主机不间断地与外部网络进行通信。

在实际的局域网中，基于以下原因，很少直接这样使用 VRRP。一是在局域网中很少直接使用路由器的地址作为用户的默认网关，在局域网内的主机更多的是用 VLAN 地址作为默认网关；二是局域网在与 ISP 连接时会产生线路租用费，因此大多数局域网一般只会与一家 ISP 连接，以降低网络使用费，一般来说局域网的出口只需要一台路由器就可以了。

在局域网中可以把 VRRP 配置在 VLAN 中，通过建立 VLAN 的主备关系，来提高网络的可靠性和冗错性，后面将会给一个具体的实例来说明。

### 2．VRRP 的基本配置

（1）配置虚拟路由器的 IP 地址：

```
vrrp 虚拟路由器编号  ip  地址
```

（2）设置虚拟路由器的优先级：

```
vrrp 虚拟路由器编号 priority 优先级
```

（3）设置虚拟路由器为抢占模式：

```
vrrp 虚拟路由器编号  preempt
```

其中，虚拟路由器编号介于 1～255 之间，也就是说，可以建立 255 个备份组。优先级介于 0～255 之间，默认值为 100，优先级高的将成为 Master。"preempt"表示为抢占模式，它有两层含义：一是在抢占模式下，Master 路由器故障恢复后，能立即将 Master 身份抢占回来；二是在非抢占模式下，只要 Master 路由器没有出现故障，备份组中的其他路由器始终保持原有的状态，Backup 路由器即使随后被配置了更高的优先级，也不会成为 Master，只有当 Master 路由器出现故障后，Backup 才会成为 Master。

如果将 VRRP 应用在 VLAN 中，一般来说，需要将 MSTP 与 VRRP 联合使用，以消除二层链路的环路问题。

MSTP 与 VRRP 有相似之处，都是利用冗余来解决由于故障引起的网络不通的问题，但它们也有不同之处。MSTP 是在二层上消除环路，形成一棵不带环的树，而 VRRP 是三层网关冗余（VLAN 间通信属于第三层），工作在网络层，即第三层。因此两者并不矛盾，可以混合使用，下面就是一个 VRRP 与 MSTP 混合使用的例子。

**例 6.6**　VRRP+MSTP 配置实例。本实例需要在真实设备上完成。

如图 6-15 所示，整个网络有 vlan 10、vlan 20、vlan 30 和 vlan 40 共 4 个 VLAN。全网有 1 个区域（名称为 region1），2 个实例。实例 1 包含 vlan 10 和 vlan 30，实例 2 包含 vlan 20 和 vlan 40。交换机 S2 作为实例 1 的根，S3 作为实例 2 的根。

交换机 S2 作为 vlan 10 和 vlan 30 的 Master，作为 vlan 20 和 vlan 40 的 Backup；交换机 S3 作为 vlan 20 和 vlan 40 的 Master，作为 vlan 10 和 vlan 30 的 Backup。

交换机 S2 和 S3 之间用跳线连接，用来检测 Master 和 Backup 的状态，一旦 Master 出现故障，Backup 立即接管 Master 的数据转发工作。

S2 与 S3、S4 和 S5 之间的互连采用 Trunk 模式，其他交换机也类似。

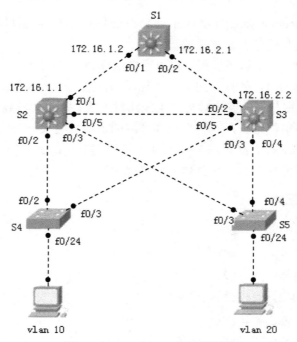

图 6-15　VRRP+MSTP 配置实例

**S1 的配置：**

```
S1(config)#interface f0/1
S2(config-if)#no switchport
S1(config-if)#ip add 172.16.1.2 255.255.255.252
S1(config)#interface f0/2
S2(config-if)#no switchport
S1(config-if)#ip add 172.16.2.1 255.255.255.252
S1(config-if)#exit
S1(config)#router ospf 1
S1(config-router)#network 172.16.1.0 0.0.0.3 area 0
S1(config-router)#network 172.16.2.0 0.0.0.3 area 0
```

**S2 的配置：**

```
S2#vlan database
S2(vlan)#vlan 10
S2(vlan)#vlan 20
S2(vlan)#vlan 30
S2(vlan)#vlan 40
S2(vlan)#exit
S2#config t
S2(config)#interface f0/1
S2(config-if)#no switchport
S2(config-if)#ip add 172.16.1.1 255.255.255.252
S2(config-if)#exit
S2(config)#interface range f0/2 - 3
S2(config-if-range)#switchport trunk encapsulation dot1q
S2(config-if-range)#switchport mode trunk
```

```
S2(config-if)#exit
S2(config)#interface range f0/5
S2(config-if-range)#switchport trunk encapsulation dot1q
S2(config-if-range)#switchport  mode  trunk
S2(config-if)#exit
S2(config)#spanning-tree
S2(config)#spanning-tree mode mstp
S2(config)#spanning-tree mst 1 priority 4096  //S2 为实例 1 的根
S2(config)#spanning-tree mst 2 priority 8192
S2(config)#spanning-tree mst configuration
S2(config-mst)#name area1
S2(config-mst)#instance 1 vlan 10,30
S2(config-mst)#instance 2 vlan 20,40
S2(config-mst)#revision 1
S2(config-mst)#exit
S2(config)#interface vlan 10
S2(config-if)#ip add 192.168.10.254 255.255.255.0
S2(config-if)#vrrp 1 ip 192.168.10.250         //vlan 10 的虚拟网关地址
S2(config-if)#vrrp 1 priority 254
S2(config-if)#vrrp 1 preempt
S2(config)#interface vlan 20
S2(config-if)#ip add 192.168.20.254 255.255.255.0
S2(config-if)#vrrp 2 ip 192.168.20.250         //vlan 20 的虚拟网关地址
S2(config-if)#vrrp 2 priority 150
S2(config-if)#vrrp 2 preempt
S2(config)#interface vlan 30
S2(config-if)#ip add 192.168.30.254 255.255.255.0
S2(config-if)#vrrp 3 ip 192.168.30.250         //vlan 30 的虚拟网关地址
S2(config-if)#vrrp 3 priority 254
S2(config-if)#vrrp 3 preempt
S2(config)#interface vlan 40
S2(config-if)#ip add 192.168.40.254 255.255.255.0
S2(config-if)#vrrp 4 ip 192.168.40.250         //vlan 40 的虚拟网关地址
S2(config-if)#vrrp 4 priority 150
S2(config-if)#vrrp 4 preempt
S2(config-if)#exit
S2(config)#router ospf 1
S2(config-router)#network 172.16.1.0 0.0.0.3 area 0
S2(config-router)#network 192.168.0.0 0.0.255.255 area 0
```

S3 的配置：

```
S3#vlan database
S3(vlan)#vlan 10
S3(vlan)#vlan 20
S3(vlan)#vlan 30
S3(vlan)#vlan 40
S3(vlan)#exit
S3#config t
S3(config)#interface  f0/2
S3(config-if)#no switchport
S3(config-if)#ip add 172.16.2.2 255.255.255.252
```

```
S3(config-if)#exit
S3(config)#interface range f0/3 - 5
S3(config-if-range)#switchport trunk encapsulation dot1q
S3(config-if-range)#switchport  mode  trunk
S3(config-if)#exit
S3(config)#spanning-tree
S3(config)#spanning-tree mode mstp
S3(config)#spanning-tree mst 1 priority 8192
S3(config)#spanning-tree mst 2 priority 4096   /S3 为实例 2 的根
S3(config)#spanning-tree mst configuration
S3(config-mst)#name area1
S3(config-mst)#instance 1 vlan 10,30
S3(config-mst)#instance 2 vlan 20,40
S3(config-mst)#revision 1
S3(config-mst)#exit
S3(config)#interface vlan 10
S3(config-if)#ip add 192.168.10.253 255.255.255.0
S3(config-if)#vrrp 1 ip 192.168.10.250
S3(config-if)#vrrp 1 priority 150
S3(config-if)#vrrp 1 preempt
S3(config)#interface vlan 20
S3(config-if)#ip add 192.168.20.253 255.255.255.0
S3(config-if)#vrrp 2 ip 192.168.20.250
S3(config-if)#vrrp 2 priority 254
S3(config-if)#vrrp 2 preempt
S3(config)#interface vlan 30
S3(config-if)#ip add 192.168.30.253 255.255.255.0
S3(config-if)#vrrp 3 ip 192.168.30.250
S3(config-if)#vrrp 3 priority 150
S3(config-if)#vrrp 3 preempt
S3(config)#interface vlan 40
S3(config-if)#ip add 192.168.40.253 255.255.255.0
S3(config-if)#vrrp 4 ip 192.168.40.250
S3(config-if)#vrrp 4 priority 254
S3(config-if)#vrrp 4 preempt
S3(config-if)#exit
S3(config)#router ospf 1
S3(config-router)#network 172.16.2.0 0.0.0.3 area 0
S3(config-router)#network 192.168.0.0 0.0.255.255 area 0
```

S4 的配置：

```
S4#vlan database
S4(vlan)#vlan 10
S4(vlan)#vlan 20
S4(vlan)#vlan 30
S4(vlan)#vlan 40
S4(vlan)#exit
S4#config t
S4(config)#interface range f0/2 -3
S4(config-if-range)#switchport trunk encapsulation dot1q
S4(config-if-range)#switchport  mode  trunk
```

```
S4(config-if)#exit
S4(config)#interface f0/24
S4(config-if)#switchport mode access
S4(config-if)#switchport access vlan 10
S4(config-if)#exit
S4(config)#spanning-tree
S4(config)#spanning-tree mode mstp
S4(config)#spanning-tree mst configuration
S4(config-mst)#name area1
S4(config-mst)#instance 1 vlan 10,30
S4(config-mst)#instance 2 vlan 20,40
S4(config-mst)#revision 1
S4(config-mst)#exit
```

S5 的配置：

```
S5#vlan database
S5(vlan)#vlan 10
S5(vlan)#vlan 20
S5(vlan)#vlan 30
S5(vlan)#vlan 40
S5(vlan)#exit
S5#config t
S5(config)#interface range f0/3 - 4
S5(config-if-range)#switchport trunk encapsulation dot1q
S5(config-if-range)#switchport  mode  trunk
S5(config-if)#exit
S5(config)#interface f0/24
S5(config-if)#switchport mode access
S5(config-if)#switchport access vlan 20
S5(config-if)#exit
S5(config)#spanning-tree
S5(config)#spanning-tree mode mstp
S5(config)#spanning-tree mst configuration
S5(config-mst)#name area1
S5(config-mst)#instance 1 vlan 10,30
S5(config-mst)#instance 2 vlan 20,40
S5(config-mst)#revision 1
S5(config-mst)#exit
```

　　vlan 10 在 S2 中的地址是 192.168.10.254，在 S3 中的地址是 192.168.10.253，如果接入层交换机下面的用户计算机在使用 vlan 10 时，其网关配置为 192.168.10.254，则意味着数据包将由 S2 来转发。一旦 S2 出现故障，用户就必须修改自己的网关，将其修改为 192.168.10.253才可以继续访问网络。如果用户将网关配置为 192.168.10.253，情况类似。因此，无论用户将网关配置为 192.168.10.254，还是配置为 192.168.10.253，都起不到自动备份的作用。

　　为了实现设备出现故障时不需要用户手工修改自己的网关，而是由系统自动进行切换，可以将 S2 中的 vlan 10 和 S3 中 vlan 10 构成一个虚拟组，将该虚拟组的地址设置为192.168.10.250，而 vlan 10 下的用户 IP 地址网关就使用虚拟组的地址，即 vlan 10 的用户网关配置为 192.168.10.250。此时，VRRP 会根据 S2 和 S3 当前的状态来决定数据包的转发，如果 S2 是 vlan 10 的 Master，则 vlan 10 的数据包就由 S2 来转发，如果 S3 是 vlan 10 的 Master，则由 S3 来转发。当 Master 出现故障时，Backup 会接替 Master 的转发任务，也就是说，用户的数据包到底是由 S2 来转发还是由 S3 来转发，对用户来说是透明的，用户无须关心。其他 VLAN 的分析也是类似的。

在 S2 上查看 VRRP 的情况如下：

```
S2#sh vrrp brief
Interface  Grp Pri Time Own Pre State   Master addr     Group addr
Vl10        1   254 3007     Y   Master  192.168.10.254  192.168.10.250
Vl20        2   10  3609     Y   Backup  192.168.20.253  192.168.20.250
Vl30        3   254 3007     Y   Master  192.168.30.254  192.168.30.250
Vl40        4   10  3960     Y   Backup  192.168.40.253  192.168.40.250
```

结果表明，S2 是 vlan 10 和 vlan 30 的 Master，是 vlan 20 和 vlan 40 的 Backup。

在 S3 上查看 VRRP 的情况如下：

```
S3#sh vrrp brief
Interface  Grp Pri Time Own Pre State   Master addr     Group addr
Vl10        1   10  3960     Y   Backup  192.168.10.254  192.168.10.250
Vl30        3   10  3960     Y   Backup  192.168.30.254  192.168.30.250
Vl20        2   254 3007     Y   Master  192.168.20.253  192.168.20.250
Vl40        4   254 3007     Y   Master  192.168.40.253  192.168.40.250
```

与 S2 相反，S3 是 vlan 10 和 vlan 30 的 Backup，是 vlan 20 和 vlan 40 的 Master。

现在如果人为地使 S2 停机，在 PC2 上 ping PC1 仍然是通的，表明链路和设备都可以正常工作，此时在 S3 上查看 VRRP 的情况如下：

```
S3#sh vrrp brief
Interface Grp Pri Time Own Pre State   Master  addr    Group addr
Vl10       1   100 3609     Y   Master  192.168.10.253  192.168.10.250
Vl20       1   254 3007     Y   Master  192.168.20.253  192.168.20.250
Vl30       1   100 3609     Y   Master  192.168.30.253  192.168.30.250
Vl40       1   254 3007     Y   Master  192.168.40.253  192.168.40.250
```

因为 S2 已停机，所以 S3 就成为 4 个 VLAN 的 Master，所有的数据包都由 S3 来转发，从而实现了设备冗余的目的。

# 习题 6

6.1　简述什么是公有地址和私有地址，并写出全部私有地址段。

6.2　什么是网络地址转换（NAT）？简述地址转换的分类。

6.3　简述静态地址转换的执行过程。

6.4　简述动态 PAT 的执行过程。

6.5　实现如图 6-16 所示的园区网络。其中 R1 是局域网的出口路由器，R2 是外网的路由器（为了测试方便，需要进行配置），S1 是三层交换机，S2 和 S3 是二层交换机。要求内部的 PC1 和 PC2 动态获取 IP 地址，内部服务器 Server 1 配置静态地址。

在 R1 上做 PAT，使内部用户可以访问外网的 Server 2，同时实现外网的 PC3 可以访问内网的 Server 1。

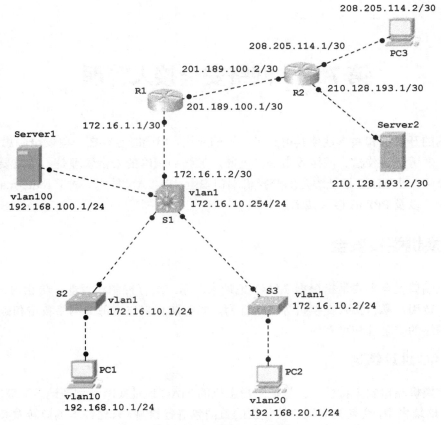

图 6-16　习题 6.5 拓扑图

6.6　什么是 POS 接口？简述 POS 接口的配置方法。

6.7　什么是链路汇聚？请分析链路汇聚与 STP 的区别。

6.8　简要叙述 VRRP 与 MSTP 的相同之处和区别。

# 第7章　网络安全接入管理

局域网的开放性和共享性使其得到了广泛的应用，但同时也存在一些安全隐患，如非法用户接入、病毒快速传播、网络攻击等。因此，加强局域网的安全管理是一项重要的任务。本章主要介绍基于 MAC 地址绑定的交换机端口安全、PVLAN 技术、基于 route-map 的多出口策略路由，以及 PPPoE 接入技术。

## 7.1　交换机端口安全

交换机端口安全主要是指根据 MAC 地址来对用户进行控制和管理，防止内部用户 IP 地址借用、冒用，私自接入交换机等违规行为，同时防止来自内部的网络攻击和破坏行为，从而提高网络的安全性和可靠性。

### 7.1.1　MAC 地址绑定

配置交换机端口安全特性，就是把用户主机的 MAC 地址（网卡物理地址）填写到交换机的 MAC 地址表中，交换机对端口接收到的数据包进行检测，只允许本端口转发某个 MAC 地址的数据包，其他 MAC 地址发送的数据包通过此端口时，交换机将启用预先配置好的违规处理策略进行处理，以此来防止未经允许的用户访问网络，以增强网络的安全性。

#### 1. 启用交换机端口安全特性

交换机在默认情况下没有打开端口安全管理特性，如果需要使用端口与 MAC 地址的绑定功能，必须先打开端口安全，其命令格式为

```
switchport port-security
```

#### 2. 静态绑定

静态绑定是管理员通过手工方式将某个端口与某个 MAC 地址进行绑定，并加入 MAC 地址表中，该端口不再主动学习用户的 MAC 地址。

命令格式：

```
switchport port-security mac-address H.H.H
```

该命令不仅将端口与 MAC 地址的对应关系写入 MAC 地址表中，而且还会写入设备运行配置文件（Running-config）中，用 write 命令保存配置文件后，还会写入启动配置文件（Startup-config）中，下次重启交换机后依然有效。

通过静态绑定 MAC 地址的端口，如果用户更换了计算机或者更换了网卡，则需要网络管理员重新进行绑定。

### 3．动态绑定

在动态绑定方式下，交换机会主动学习用户的 MAC 地址。当交换机断电重启、用户更换计算机、网线重新拔插而导致交换机端口状态改变时，交换机将重新学习并更新 MAC 地址表。

使用 switchport port-security 命令打开端口安全特性后，交换机就会自动进入 MAC 地址动态绑定模式，因为这是交换机端口安全的默认方式。

在该方式下，交换机会自动学习端口所连计算机的 MAC 地址，并保存在 MAC 地址表中。但它既不会保存在运行配置文件中，也不会保存在启动配置文件中，交换机重新启动后，以前学习到的 MAC 地址就没有了，需要重新学习。

### 4．黏性绑定

在黏性绑定方式下，交换机首次会主动学习用户计算机的 MAC 地址，并与连接的端口进行绑定，当端口状态再次改变时，该端口不再主动学习。

命令格式：

```
switchport port-security mac-address sticky
```

如果将端口设置为黏性绑定，需要在执行上述命令后保存配置文件（write），这样它会把学习到的 MAC 地址与端口的对应关系写入启动配置文件中，下次无论是重启交换机还是重启计算机，都不用再次学习了。

静态绑定需要网络管理员获取每台计算机的 MAC 地址，再一条一条地写进去，当用户较多时，工作量非常大，也容易出错。采用黏性绑定方法可以一次性把全部 MAC 地址进行绑定，再保存一遍配置文件就可以了，省时省力。如果需要在网络中启用绑定功能，网络管理员应该首选这种方式。

### 5．最大 MAC 地址数

通过设置端口的最大 MAC 地址数，可以限制交换机每个端口接入计算机的数量。

命令格式：

```
switchport port-security maximum 数量
```

交换机可以在一个接入端口学习到多个 MAC 地址，如果向交换机的某个接口发送大量的虚假源 MAC 地址的帧，交换机会学习到这些虚假的 MAC 地址并记录到 MAC 地址表中，这可能会导致 MAC 地址表被这些虚假的 MAC 地址填满，而影响正常的通信，这是一种被称为 MAC-address flood 的二层 Dos 攻击。

如果给交换机端口设置一个可以学习到的最大 MAC 地址数量，就可以有效地防止这种网络攻击。在实际应用中，如果交换机端口下只连接一台计算机，则只要将这个数量设置为 1 就可以了。

## 7.1.2　惩罚措施

一旦某个端口下连接的计算机的 MAC 地址与绑定的 MAC 地址不符，或者某端口学习到的 MAC 地址数量超过了设定值（即连接的设备数量超过了规定的数量），将产生违规行为，交换机可以启用预先定义好的违规处理办法进行处罚。违规处理的方式有以下几种：

- Protect（保护）：执行 Protect 惩罚措施将丢弃未允许的 MAC 地址数据帧，但不会创建日志消息。
- Restrict（限制）：执行 Restrict 惩罚措施将丢弃未允许的 MAC 地址数据帧，创建日志消息并发送 SNMP Trap 消息。
- Shutdown（关闭）：这是交换机端口安全的默认选项。执行 Shutdown 惩罚措施将关闭端口，并将该端口置于 err-disabled 状态，创建日志消息并发送 SNMP Trap 消息。若要重新开启该端口，需要先将该端口关闭，再打开该端口，或使用如下全局配置命令进行恢复：

```
err-disable recovery psecure-violation
```

注：该命令在模拟环境下不能使用。

### 7.1.3　交换机端口安全配置实例

本节通过一个实例来理解交换机端口安全特性的使用。

**例 7.1**　网络结构如图 7-1 所示。

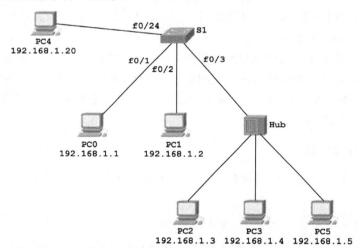

图 7-1　交换机端口安全特性配置示例

S1 是一台二层交换机，为了能够测试限定端口的最大连接数，在交换机 S1 的 f0/3 端口下连接了一台 Hub，这样交换机的 f0/3 端口就可以学习到 PC2、PC3 和 PC5 的 MAC 地址。

（1）MAC 地址静态绑定

首先查找 PC0 的 MAC 地址，单击 PC0 图标，在弹出的窗口中选择"Desktop"标签页，再单击"Command Prompt"选项，弹出命令行窗口，在其中输入命令：ipconfig /all，可以查看当前使用的 PC 终端的 MAC 地址，如图 7-2 所示。

其中的 Physical Address 就是 MAC 地址，此处为"0007.ECAA.D668"。

在交换机中输入以下命令，即可实现 PC0 的 MAC 地址静态绑定：

```
Switch(config)#interface f0/1
Switch(config-if)# switchport mode access
Switch(config-if)# switchport port-security
Switch(config-if)# switchport port-security mac-address 0007.ECAA.D668
```

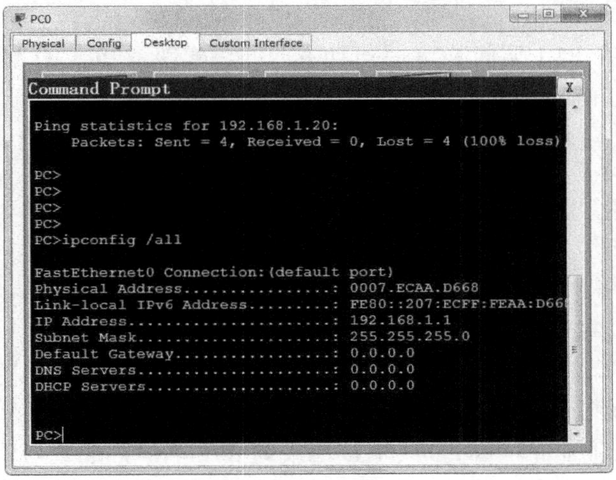

图 7-2　查看 PC0 的 MAC 地址

需要注意，可能读者查到的 MAC 地址与这里的不一样，请修改成自己查到的 MAC 地址，切不可把这里的 MAC 地址直接填写进去。

绑定以后，PC0 可以 ping 通 PC4，表明 MAC 地址绑定以后不影响正常的通信。

使用 "show port-security address" 命令查看端口安全情况如下（注：在模拟环境下，三层交换机没有这条命令）：

```
            Secure Mac Address Table
---------------------------------------------------------------------------
Vlan    Mac Address      Type                Ports          Remaining Age
                                                            (mins)
----  -----------  ----              -----          -------------
1   0007.ECAA.D668      SecureConfigured  FastEthernet0/1      -
---------------------------------------------------------------------------
```

现在将 PC0 删除，重新添加一台 PC 终端，还是连接在 f0/1 端口，配置相同的 IP 地址。使用 ping 命令再次从 PC0 访问 PC4，发现 PC0 无法 ping 通 PC4，因为新的 PC0 的 MAC 地址和前一次的不一样了，表明静态绑定有效。

（2）MAC 地址黏性绑定

在交换机中输入以下命令：

```
Switch(config)#interface f0/2
Switch(config-if)#switchport mode access
Switch(config-if)# switchport port-security
Switchport port-security mac-address sticky
```

在 PC1 的命令窗口中，通过 ping 命令访问 PC4，应该可以正常访问。

再用 show run 命令查看交换机的配置文件，发现端口 f0/2 的配置如下：

```
interface FastEthernet0/2
 switchport mode access
 switchport port-security
 switchport port-security mac-address sticky
 switchport port-security mac-address sticky 00E0.A3B8.7670
```

最后一条语句是在 PC1 访问 PC4 时自动生成的，实现了 PC1 的 MAC 地址黏性绑定。

再使用"show port-security address"命令查看端口安全情况，显示如下：

```
                Secure Mac Address Table
-------------------------------------------------------------------
 Vlan    Mac Address       Type              Ports          Remaining Age
                                                            (mins)
 ----  ------------- ----              -----          -------------
  1   0007.ECAA.D668   SecureConfigured    FastEthernet0/1     -
  1   00E0.A3B8.7670   SecureSticky        FastEthernet0/2     -
-------------------------------------------------------------------
```

端口 f0/2 显示的绑定类型是"SecureSticky"，就是黏性绑定。

将 PC1 删除，重新添加一台 PC 终端，连接到 f0/2 端口，配置与原先相同的 IP 地址，再测试 PC1 与 PC4 的连通性，发现不能访问，表明黏性绑定成功。

（3）最大 MAC 地址数测试

在交换机中输入以下命令，限定端口 f0/3 连接的最大 MAC 地址数为 2：

```
Switch(config)#interface f0/3
Switch(config-if)# switchport mode access
Switch(config-if)# switchport port-security
Switch(config-if)# switchport port-security maximum 2
```

测试可以发现，PC2、PC3 和 PC5 三台终端中只有两台可以访问 PC4，有一台不能 ping 通 PC4，表明设置的最大连接数有效。

使用"show port-security address"命令查看端口安全情况，显示如下：

```
                Secure Mac Address Table
-------------------------------------------------------------------
 Vlan    Mac Address       Type              Ports          Remaining Age
                                                            (mins)
 ----  ------------- ----              -----          -------------
  1   0007.ECAA.D668   SecureConfigured    FastEthernet0/1     -
  1   00E0.A3B8.7670   SecureSticky        FastEthernet0/2     -
  1   0030.F286.13B0   DynamicConfigured   FastEthernet0/3     -
  1   0090.215B.A083   DynamicConfigured   FastEthernet0/3     -
-------------------------------------------------------------------
```

（4）惩罚措施

端口实施绑定后，一旦用户计算机的 MAC 地址与绑定的 MAC 地址不一样，交换机就会启用违规惩罚措施。

现在删除 PC0 的连接线，再加入一台新 PC 终端，通过端口 f0/1 连接到交换机上，配置一个与 PC4 在同一网段的 IP 地址，并让它访问 PC4，发现不能访问。由于新加入的 PC 的 MAC 地址与原先 PC0 的 MAC 地址不一样，就会产生违规行为，从而触发违规惩罚措施，交换机默认的违规惩罚措施是让交换机端口进入"err-disabled"状态。

如果将新加入的 PC 终端删除，把原先的 PC0 重新连接到 f0/1 端口，发现连接线两端的状态标记是红色的，从 PC0 不能访问 PC4，原因是端口进入了"err-disabled"状态。需要手工恢复，即先关闭端口，再打开端口：

```
Switch(config)#interface f0/1
Switch(config-if)#shutdown
Switch(config-if)#no shutdown
```

这样处理后，PC0 就可以正常访问 PC4 了。

这种手工恢复的方式很麻烦，一般不建议这样做。事实上，交换机还有其他违规惩罚措施。

- Protect（保护）：执行 Protect 惩罚措施，将丢弃未经允许的 MAC 地址数据帧，但不会创建日志消息。
- Restrict（限制）：执行 Restrict 惩罚措施，将丢弃未经允许的 MAC 地址数据帧，创建日志消息并发送 SNMP Trap 消息。

以端口 f0/1 为例，配置 Protect 惩罚措施如下：

```
Switch(config)#interface f0/1
Switch(config-if)#switchport port-security violation protect
```

这样就不会使端口处于 down 状态了。

## 7.2　私有 VLAN 技术

一个 VLAN 就是一个广播域，用户可以发送广播包，当网络中有用户感染计算机病毒时，会导致广播包急剧增加，在交换机转发能力恒定的情况下，交换机大部分时间在转发无用的病毒数据包，转发真正有效的数据包就少了，交换机的性能将会严重下降，影响用户的正常使用。

传统的解决方法是，每个用户单独使用一个 VLAN，配置不同的网关。这样做虽然能够解决部分问题，但有以下缺点：（1）IP 地址资源浪费，一个最小的 VLAN 需要占用 2 个地址，但这样的 VLAN 没有什么实际意义，因为除去网络地址和广播地址后就没有可用的地址分配给用户了。因此，一个 VLAN 最少需要占用 4 个地址，当用户较多时，要使用很多的 VLAN，也就需要大量的 IP 地址；（2）太多的 VLAN 会增加生成树 STP 的复杂性，导致 STP 收敛缓慢；（3）交换机的 VLAN 数量是有限制的，不能无限地创建 VLAN；（4）每个 VLAN 相当于一个局域网（虚拟局域网），太多的 VLAN 将导致路由表变得庞大，维护路由表会消耗三层设备的 CPU 资源。因此，一般不建议采用每个用户单独使用一个 VLAN 的方式。

私有 VLAN（Private VLAN，PVLAN）是一种高级 VLAN 技术，它能够通过进一步分割广播域（子网），减少 VLAN 内部的广播流量，可以在二层设备上实现用户之间的隔离，保障通信的安全性，从而能够有效地解决上述问题。

### 7.2.1　PVLAN 的基本结构

PVLAN 不是一个独立的 VLAN，它是在原有普通 VLAN 的基础上进一步细化的结果，即在普通 VLAN 的内部再构建一层 VLAN 功能。将原有的普通 VLAN 称为主 VLAN（Primary VLAN），再建立一些辅助 VLAN（Secondary VLAN），二者合在一起就构成 PVLAN。

一个 PVLAN 只包含一个主 VLAN，可以包含多个辅助 VLAN。辅助 VLAN 又有两种形式，一种是团体 VLAN（Community VLAN），另一种是隔离 VLAN（Isolated VLAN）。在一个 PVLAN 中只能有一个隔离 VLAN，可以有多个团体 VLAN。PVLAN 的结构如图 7-3 所示。

创建 VLAN 的目的是为了分配给用户使用，也就需要把 VLAN 与交换机端口关联起来。因此，在配置了 PVLAN 后，交换机的端口可分为几种形式，如图 7-4 所示。

图 7-3　PVLAN 结构　　　　　　　　图 7-4　PVLAN 的端口形式

（1）混杂端口（Promiscuous Port）：工作模式为混杂模式的端口即为混杂端口。混杂端口可以与所有端口通信，包括 PVLAN 内的隔离端口和团体端口。如果某个端口连接的是服务器，提供公共服务，且使用 PVLAN 中的 IP 地址，则需将该端口配置为混杂端口。

（2）隔离端口（Isolated Port）：工作在主机模式，且与某个隔离 VLAN 相关联，这样的端口就是隔离端口。隔离端口只能与混杂端口通信，不能与 PVLAN 内的所有其他端口进行二层通信，即隔离端口与隔离端口之间不能通信，隔离端口与团体端口之间不能通信。

（3）团体端口（Community Port）：工作在主机模式，且与某个团体 VLAN 相关联，这样的端口就是团体端口。团体端口可以与混杂端口通信，同一个团体 VLAN 中的端口可以进行二层通信，但是不能与其他团体 VLAN 中的端口进行二层通信，也不能与隔离端口进行二层通信。

隔离端口和团体端口统称为主机端口。

### 7.2.2　PVLAN 的配置

配置 PVLAN 主要用到以下命令。

（1）创建辅助 VLAN 和主 VLAN，并实现关联，命令如下：

```
vlan X
private-vlan community              //创建团体 VLAN
vlan Y
private-vlan isolated               //创建隔离 VLAN
vlan Z
private-vlan primary                //创建主 VLAN
private-vlan association add X Y     //将辅助 VLAN 与主 VLAN 关联起来
```

（2）配置团体端口、隔离端口和混杂端口，命令如下：

```
interface 端口号
switchport mode private-vlan host        //将端口模式修改为 PVLAN 的主机模式
switchport private-vlan host-association  Z  X       //使用团体 vlan X
```

或者：

```
switchport private-vlan host-association  Z  Y       //使用隔离 vlan Y
interface 端口号
```

```
    switchport mode private-vlan promiscuous          //将端口模式修改为 PVLAN
的混杂模式
    switchport private-vlan mapping Z add X Y          //将混杂端口映射到 PVLAN
的主 VLAN 和辅助 VLAN
```

（3）配置 VLAN 接口（只能在三层交换机上配置），命令如下：

```
interface Vlan Z
ip address 网关 掩码
private-vlan mapping add X Y  //将辅助 VLAN 映射到主 VLAN
```

**例 7.2**　PVLAN 使用实例（由于 Cisco PT 和 GNS3 都不支持 PVLAN，因此该案例需要在真实设备上实现）。网络拓扑结构如图 7-5 所示。

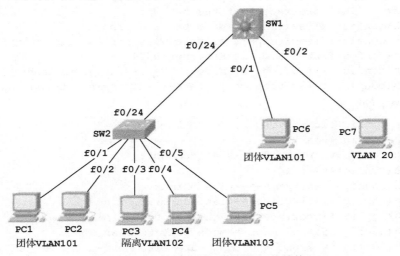

图 7-5　PVLAN 应用示例网络拓扑结构

编号为 10 的 VLAN 是主 VLAN（图中未显示），在该主 VLAN 下创建了 3 个辅助 VLAN，其中，VLAN 101 和 VLAN 103 是团体 VLAN，VLAN 102 是隔离 VLAN，另有 1 个 VLAN 20 是普通 VLAN。

交换机 SW2 为二层交换机，端口 1、2 使用团体 VLAN 101，端口 3、4 使用隔离 VLAN 102，端口 5 使用团体 VLAN 103，均为主机端口。端口 24 为混杂端口，用来与交换机 SW1 连接。

交换机 SW1 为三层交换机，端口 1 使用团体 VLAN 101，用于测试团体 VLAN 跨交换机的通信。端口 2 使用普通 VLAN 20。端口 24 为混杂端口，与交换机 SW2 连接。

交换机 SW2 的配置：

```
Switch(config)#vlan 101
Switch(config-vlan)#private-vlan community
Switch(config)#vlan 102
Switch(config-vlan)#private-vlan isolated
Switch(config)#vlan 103
Switch(config-vlan)#private-vlan community
Switch(config)#vlan 10
Switch(config-vlan)#private-vlan primary
```

```
Switch(config-vlan)#private-vlan association add 101-103
Switch(config)#interface FastEthernet 0/1
Switch(config-if)#switchport mode private-vlan host
Switch(config-if)#switchport private-vlan host-association 10 101
Switch(config)#interface FastEthernet 0/2
Switch(config-if)#switchport mode private-vlan host
Switch(config-if)#switchport private-vlan host-association 10 101
Switch(config)#interface FastEthernet 0/3
Switch(config-if)#switchport mode private-vlan host
Switch(config-if)#switchport private-vlan host-association 10 102
Switch(config)#interface FastEthernet 0/4
Switch(config-if)#switchport mode private-vlan host
Switch(config-if)#switchport private-vlan host-association 10 102
Switch(config)#interface FastEthernet 0/5
Switch(config-if)#switchport mode private-vlan host
Switch(config-if)#switchport private-vlan host-association 10 103
Switch(config)#interface FastEthernet 0/24
Switch(config-if)#switchport mode private-vlan promiscuous
Switch(config-if)#switchport private-vlan mapping 10 add 101-102
```

交换机 SW1 的配置：

```
Switch(config)#ip routing
Switch(config)#vlan 101
Switch(config-vlan)#private-vlan community
Switch(config)#vlan 10
Switch(config-vlan)#private-vlan primary
Switch(config-vlan)#private-vlan association add 101
Switch(config)#interface FastEthernet 0/1
Switch(config-if)#switchport mode private-vlan host
Switch(config-if)#switchport private-vlan host-association 10 101
Switch(config)#interface FastEthernet 0/2
Switch(config-if)#switchport access vlan 20
Switch(config)#interface FastEthernet 0/24
Switch(config-if)#switchport mode private-vlan promiscuous
Switch(config-if)#switchport private-vlan mapping 10 add 101
Switch(config)#interface vlan 10
Switch(config-if)#ip address 192.168.10.254 255.255.255.0
Switch(config)#interface vlan 20
Switch(config-if)#ip address 192.168.20.254 255.255.255.0
```

通信测试情况如下。

PC1 可以与 PC2 通信，表明同一团体 VLAN 内的端口之间可以相互通信；PC3 与 PC4 之间不能通信，表明同一隔离 VLAN 内的端口之间不能相互通信；PC1 与 PC3 之间不能通信，表明团体 VLAN 与隔离 VLAN 之间不能相互通信；PC1 与 PC5 之间不能通信，表明不同团体 VLAN 之间也不能相互通信。

PC1 可以与 PC7 通信，PC3 也可以与 PC7 通信，表明无论是团体 VLAN 还是隔离 VLAN，通过混杂端口都可与普通 VLAN 通信。

PC1 可以与 PC6 通信，表明同一团体 VLAN 的主机可以跨交换机通信。

另外，一旦某个 VLAN 被定义为私有 VLAN，则该 VLAN 必须通过创建团体 VLAN 或隔离 VLAN 来使用，不能当作普通 VLAN 使用。例如，如果 VLAN 10 被定义为私有 VLAN，则在某个端口下使用 switchport access vlan 10 命令时，将会报错。

在实际应用中，如果所有用户之间都不需要二层通信，那么只要在主 VLAN 下创建一个隔离 VLAN 就可以，不需要创建团体 VALN，这样所有用户就实现了二层隔离。

## 7.3　策略路由的应用

所谓策略路由，就是按照定义的策略对报文进行转发，它可以根据源 IP 地址、目的 IP 地址、协议字段、源端口和目的端口、报文的大小等来转发报文，类似于访问控制列表（ACL），但比 ACL 更加强大，控制更加灵活。

策略路由的应用很广泛，本节只介绍策略路由在解决局域网双出口问题上的应用。

### 7.3.1　路由图 route-map

应用策略路由，必须要指定策略路由使用的 route-map（称为路由图或路由映射）。首先要创建 route-map，每一个 route-map 可以有多条策略语句，每条策略语句都有一个序号，每条策略语句可以有多个匹配条件和相应的动作（即 match 和 set），也允许策略语句只设置匹配条件，不设置动作，每条策略语句可以对路由执行 permit 或 deny 动作。

一个 route-map 可以由多条策略语句组成，策略语句按序号大小排列，路由器自上而下进行查询，一旦有一条策略语句相匹配，就执行相应的动作，并退出 route-map，后续的策略语句不再检测。

route-map 的定义格式：

```
route-map 名字 permit/deny　序号
     match 条件1　条件2
     match 条件3　条件4
     set 动作1
     set 动作2
```

条件 1、条件 2 是"或"的关系，条件 3、条件 4 也是"或"的关系，两条 match 语句是"与"的关系，动作 1 和动作 2 是"与"的关系。

可以同时定义多个 route-map，不同的 route-map 用不同的名字加以区分，名字相同的 route-map 实际上是同一个 route-map，用序号标记不同的策略语句。例如：

```
route-map test permit 10
     match  x1  x2
     match  x3
     set  y1
     set  y2
route-map test permit 20
     match  u1
     set  v1
deny all（系统隐含）
```

这里，route-map test permit 10 和 route-map test permit 20 是同一个路由图，包含两条策略语句，两条策略语句的序号分别为 10 和 20，每条策略语句下面又包含条件语句和动作语句。

上述 route-map 在执行时，等价于：

```
If ((x1 成立 or x2 成立) and x3 成立)
    then （执行动作 y1 and 执行动作 y2）
else if (u1 成立)
    then 执行动作 v1
else 不执行任何动作
```

策略路由只对入口数据包有效，一个接口应用了策略路由，将对该接口接收到的所有包进行检查，符合 route-map 中某条策略语句的数据包就按照该策略语句定义的操作进行处理，不符合 route-map 所定义的策略的数据包将被丢弃。

## 7.3.2　基于 route-map 的双出口策略路由

当局域网拥有多条互联网出口时，如何让用户在访问互联网时由路由器自动选择出口路由，最大限度地提高出口线路的利用率，从而提高用户的满意度？route-map 是解决这类问题的好工具，它可以很好地解决局域网多出口的自动选择问题。

一般有两种解决方案，一种是根据用户访问的目的地址为其选择相应的路由，例如，若用户访问电信的网络资源就让数据包走电信的线路，若访问联通的网络资源就走联通的线路；另一种是将内部用户划分成两大部分，一部分走电信的线路，另一部分走联通的线路。第一种方案需要知道各个运营商的全部网络地址段才能做到较好的匹配，这对于网络管理员来说有一定的难度，因此本书采用第二种方案，即通过基于源地址的策略路由来实现多出口的连接。

**例 7.3**　假设某单位局域网申请了两条互联网线路，一条是电信的线路（定义为 isp1），局域网出口地址为 218.100.100.1，对端地址为 218.100.100.2；另一条是联通的线路（定义为 isp2），局域网出口地址为 222.120.111.1，对端地址为 222.120.111.2。

内部用户使用 192.168.10.0/24 和 192.168.20.0/24 两个网段，现采用基于源地址的策略路由，实现双出口自动选择路由。具体要求为：192.168.10.0/24 网段优先选择电信线路，当电信线路发生故障时，自动切换到联通线路；192.168.20.0/24 网段优先选择联通线路，当联通线路发生故障时，自动切换到电信线路，两条线路互为备份。网络拓扑图如图 7-6 所示，该实例可以在 GNS3 下实现。

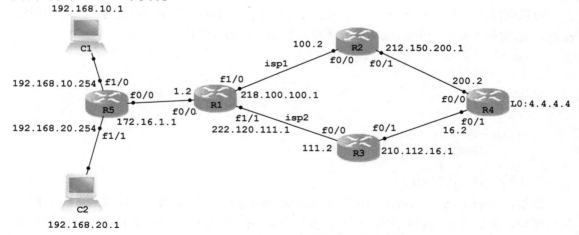

图 7-6　基于 route-map 的双出口策略路由网络拓扑图

设计思路如下。

## 1．基本路由设计

（1）路由器 R1、R5 和终端 C1、C2 用来模拟局域网，R1 和 R5 之间使用 ospf 路由。

（2）路由器 R2、R3 和 R4 用来模拟外网，它们之间使用静态路由。

（3）R1 到 R2 是局域网的第一条线路 isp1，R1 到 R3 是局域网的第二条线路 isp2，使用默认路由和动态路由，两个出口都要做 PAT 地址转换。

（4）在路由器 R4 上建立一个 Loopback 接口 L0，用于模拟外网地址。

## 2．策略路由设计

本实例的策略路由全部在出口路由器 R1 上实现，通过以下步骤完成。

（1）配置两条默认路由：

```
ip route 0.0.0.0 0.0.0.0 FastEthernet1/0
ip route 0.0.0.0 0.0.0.0 FastEthernet1/1
```

（2）建立两个标准的访问控制列表：

```
access-list 1 permit 192.168.10.0 0.0.0.255
access-list 2 permit 192.168.20.0 0.0.0.255
```

（3）分别为两个出口线路建立 4 个 route-map，用于 PAT 地址转换：

```
route-map b1 permit 10
 match ip address 1
 match interface FastEthernet1/0
route-map b2 permit 10
 match ip address 1
 match interface FastEthernet1/1
route-map b3 permit 10
 match ip address 2
 match interface FastEthernet1/1
route-map b4 permit 10
 match ip address 2
 match interface FastEthernet1/0
```

在这里定义的策略语句中只有条件语句，没有动作语句，条件匹配成功时在相应的出口执行 PAT 地址转换。match interface FastEthernet*/*命令用来检测端口的 down 和 up 状态，当端口处于 up 状态时，表明匹配成功。

（4）创建地址池，并调用创建的 route-map 进行 PAT 地址转换：

```
ip nat pool p1 218.100.100.1 218.100.100.1 netmask 255.255.255.0
ip nat pool p2 222.120.111.1 222.120.111.1 netmask 255.255.255.0
ip nat inside source route-map b1 pool p1 overload
ip nat inside source route-map b2 pool p2 overload
ip nat inside source route-map b3 pool 2 overload
ip nat inside source route-map b4 pool 1 overload
```

地址转换过程说明如下：

（1）如果是来自 192.168.10.0/24 网段的数据包，并且端口 f1/0 处于 up 状态（route-map b1 匹配成功），则使用地址池 p1 进行地址转换，也就是使用 isp1 的地址 218.100.100.1 进行转换；相反（端口 f1/0 处于 down 状态），如果端口 f1/1 处于 up 状态（route-map b2 匹配成功），则使用地址池 p2 进行地址转换，也就是使用 isp2 的地址 222.120.111.1 进行转换。否则，就意味着两个出口都有故障，不能进行地址转换，数据包发不出去。

如果是来自 192.168.20.0/24 网段的数据包，并且端口 f1/1 处于 up 状态（route-map b3 匹配成功），则使用地址池 p2 进行地址转换，也就是使用 isp2 的地址 222.120.111.1 进行转换；相反（端口 f1/1 处于 down 状态），如果端口 f1/0 处于 up 状态（route-map b4 匹配成功），则使用地址池 p1 进行地址转换，也就是使用 isp1 的地址 218.100.100.1 进行转换。否则，意味着两个出口都有故障，不能进行地址转换，丢弃数据包。

（5）建立一个名为 isp 的 route-map，定义满足的条件和执行相应的动作：

```
route-map isp permit 10
 match ip address 1
 set ip next-hop 218.100.100.2 222.120.111.2
route-map isp permit 20
 match ip address 2
 set ip next-hop 222.120.111.2 218.100.100.2
```

这里定义了两条策略语句，第一条策略语句的编号为 10，其中有一个条件语句，用来匹配访问控制列表 1，执行的动作是为访问控制列表 1 的用户（192.168.10.0/24 网段）设置下一跳转发路由，优先走 isp1（下一跳地址为 218.100.100.2），当 isp1 有故障时，走 isp2（下一跳地址为 222.120.111.2）。

第二条策略语句的编号为 20，条件语句用来匹配访问控制列表 2，执行的动作是为访问控制列表 2 的用户（192.168.20.0/24 网段）设置下一跳转发路由，优先走 isp2（下一跳地址为 222.120.111.2），当 isp2 有故障时，走 isp1（下一跳地址为 218.100.100.2）。

这样，两条出口线路可以实现互为备份。

（6）在内部接口（入口）上调用路由图 isp：

```
ip policy route-map isp
```

该命令只能用在路由器 R1 的内部接口 f0/0 上。

各路由器的完整配置如下。

R1 的配置：

```
R1(config)#interface FastEthernet0/0
R1(config-if)# ip address 172.16.1.2 255.255.255.0
R1(config-if)# ip nat inside
R1(config-if)# ip policy route-map isp
R1(config-if)#exit
R1(config)#interface FastEthernet1/0
R1(config-if)# ip address 218.100.100.1 255.255.255.0
R1(config-if)# ip nat outside
R1(config-if)#exit
R1(config)#interface FastEthernet1/1
R1(config-if)# ip address 222.120.111.1 255.255.255.0
R1(config-if)# ip nat outside
R1(config-if)#exit
```

```
R1(config)#ip route 0.0.0.0 0.0.0.0 FastEthernet1/0
R1(config)#ip route 0.0.0.0 0.0.0.0 FastEthernet1/1
R1(config)#router ospf 1
R1(config-router)#network 172.16.1.0 0.0.0.255 area 0
R1(config-router)# default-information originate
R1(config-router)#exit
R1(config)#access-list 1 permit 192.168.10.0 0.0.0.255
R1(config)#access-list 2 permit 192.168.20.0 0.0.0.255
R1(config)#route-map b1 permit 10
R1(config-route-map)# match ip address 1
R1(config-route-map)# match interface FastEthernet1/0
R1(config-route-map)#exit
R1(config)#route-map b2 permit 10
R1(config-route-map)# match ip address 1
R1(config-route-map)# match interface FastEthernet1/1
R1(config-route-map)#exit
R1(config)#route-map b3 permit 10
R1(config-route-map)# match ip address 2
R1(config-route-map)# match interface FastEthernet1/1
R1(config-route-map)#exit
R1(config)#route-map b4 permit 10
R1(config-route-map)# match ip address 2
R1(config-route-map)# match interface FastEthernet1/0
R1(config-route-map)#exit
R1(config)#ip nat pool p1 218.100.100.1 218.100.100.1 netmask 255.255.255.0
R1(config)#ip nat pool p2 222.120.111.1 222.120.111.1 netmask 255.255.255.0
R1(config)#ip nat inside source route-map b1 pool p1 overload
R1(config)#ip nat inside source route-map b2 pool p2 overload
R1(config)#ip nat inside source route-map b3 pool p2 overload
R1(config)#ip nat inside source route-map b4 pool p1 overload
R1(config)#route-map isp permit 10
R1(config-route-map)# match ip address 1
R1(config-route-map)# set ip next-hop 218.100.100.2 222.120.111.2
R1(config-route-map)#exit
R1(config)#route-map isp permit 20
R1(config-route-map)# match ip address 2
R1(config-route-map)# set ip next-hop 222.120.111.2 218.100.100.2
R1(config-route-map)#exit
```

R2 的配置：

```
R2(config)#interface FastEthernet0/0
R2(config-if)# ip address 218.100.100.2 255.255.255.0
R2(config)#interface FastEthernet0/1
R2(config-if)# ip address 212.150.200.1 255.255.255.0
R2(config)#ip route 4.4.4.4 255.255.255.255 212.150.200.2
R2(config)#ip route 210.112.16.0 255.255.255.0 212.150.200.2
R2(config)#ip route 222.120.111.0 255.255.255.0 212.150.200.2
```

R3 的配置：

```
R3(config)#interface FastEthernet0/0
R3(config-if)# ip address 222.120.111.2 255.255.255.0
```

```
R3(config)#interface FastEthernet0/1
R3(config-if)# ip address 210.112.16.1 255.255.255.0
R3(config)#ip route 4.4.4.4 255.255.255.255 210.112.16.2
R3(config)#ip route 212.150.200.0 255.255.255.0 210.112.16.2
R3(config)#ip route 218.100.100.0 255.255.255.0 210.112.16.2
```

R4 的配置：

```
R4(config)#interface Loopback0
R4(config-if)# ip address 4.4.4.4 255.255.255.255
R4(config)#interface FastEthernet0/0
R4(config-if)# ip address 212.150.200.2 255.255.255.0
R4(config)#interface FastEthernet0/1
R4(config-if)# ip address 210.112.16.2 255.255.255.0
R4(config)#ip route 218.100.100.0 255.255.255.0 212.150.200.1
R4(config)#ip route 222.120.111.0 255.255.255.0 210.112.16.1
```

R5 的配置：

```
R5(config)#interface FastEthernet0/0
R5(config-if)# ip address 172.16.1.1 255.255.255.0
R5(config)#interface FastEthernet1/0
R5(config-if)# ip address 192.168.10.254 255.255.255.0
R5(config)#interface FastEthernet1/1
R5(config-if)# ip address 192.168.20.254 255.255.255.0
R5(config)#router ospf 1
R5(config-router)#network 172.16.1.0 0.0.0.255 area 0
R5(config-router)# network 192.168.10.0 0.0.0.255 area 0
R5(config-router)# network 192.168.20.0 0.0.0.255 area 0
```

下面测试配置的 route-map 能否正常工作。

运行"开始"→"GNS3"→"VPCS"，为 PC1 配置 IP 地址 192.168.10.1，为 PC2 配置 IP 地址 192.168.20.1，如图 7-7 所示。

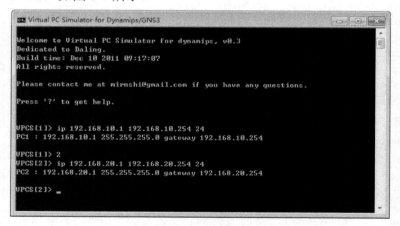

图 7-7  为 PC1 和 PC2 配置 IP 地址

（1）测试连通性

先在 PC2 上测试到 R4 的连通性（ping 环回地址 4.4.4.4 即可），再切换到 PC1 上，测试到 R4 的连通性，如图 7-8 所示。

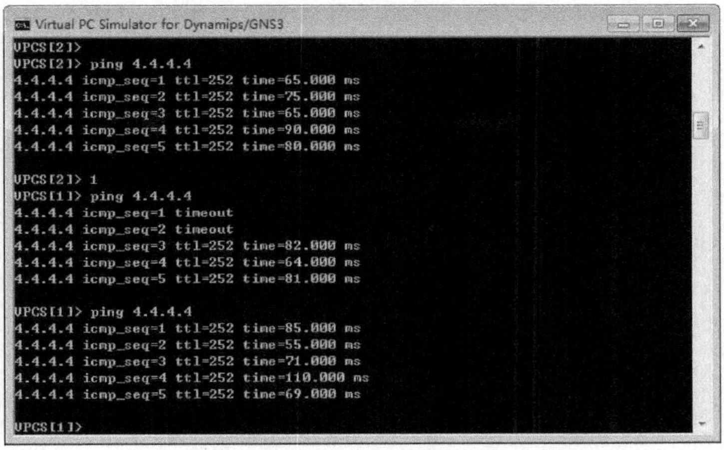

图 7-8　测试 PC1 和 PC2 与外网的连通性

从 ping 的测试情况来看，PC1 和 PC2 都可以 ping 通 R4。

（2）路由跟踪

从跟踪的情况看，当电信线路正常时，PC1 的数据包通过 isp1 到达 R4，如图 7-9 所示。

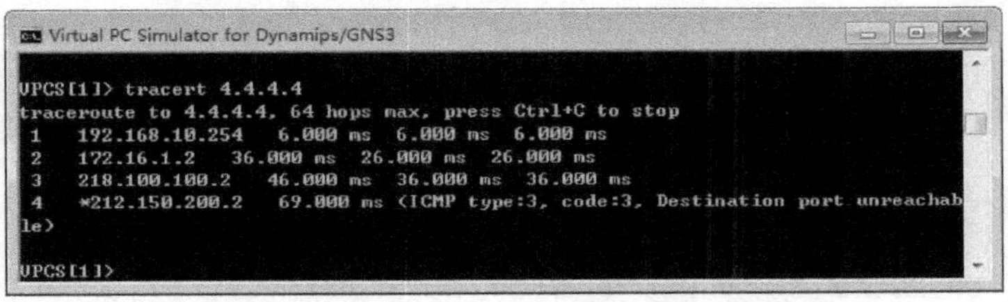

图 7-9　正常情况下 PC1 访问外网的路由

当联通线路正常时，PC2 的数据包通过 isp2 到达 R4，如图 7-10 所示。

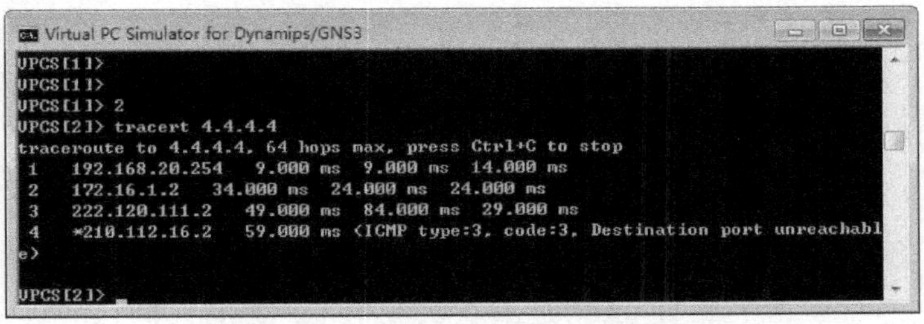

图 7-10　正常情况下 PC2 访问外网的路由

（3）查看地址转换情况

在路由器 R1 上执行 debug 命令：

```
Debug ip nat
```

然后，重新在 PC1 和 PC2 上执行 ping 命令，在 R1 上得到的调试结果如下：

```
   *Apr  28  17:39:18.571: NAT*: s=192.168.20.1->222.120.111.1, d=4.4.4.4
[29894]
   *Apr  28  17:39:18.615: NAT*: s=4.4.4.4, d=222.120.111.1->192.168.20.1
```

```
[29894]
  R1#
  *Apr 28 17:39:19.655: NAT*: s=192.168.20.1->222.120.111.1, d=4.4.4.4
[29895]
  *Apr 28 17:39:19.703: NAT*: s=4.4.4.4, d=222.120.111.1->192.168.20.1
[29895]
  R1#
  *Apr 28 17:39:20.727: NAT*: s=192.168.20.1->222.120.111.1, d=4.4.4.4
[29896]
  *Apr 28 17:39:20.783: NAT*: s=4.4.4.4, d=222.120.111.1->192.168.20.1
[29896]
  R1#
  *Apr 28 17:39:21.787: NAT*: s=192.168.20.1->222.120.111.1, d=4.4.4.4
[29897]
  *Apr 28 17:39:21.831: NAT*: s=4.4.4.4, d=222.120.111.1->192.168.20.1
[29897]
  R1#
  *Apr 28 17:39:22.863: NAT*: s=192.168.20.1->222.120.111.1, d=4.4.4.4
[29898]
  *Apr 28 17:39:22.911: NAT*: s=4.4.4.4, d=222.120.111.1->192.168.20.1
[29898]
  R1#
  *Apr 28 17:39:29.271: NAT*: s=192.168.10.1->218.100.100.1, d=4.4.4.4
[29905]
  *Apr 28 17:39:29.339: NAT*: s=4.4.4.4, d=218.100.100.1->192.168.10.1
[29905]
  R1#
  *Apr 28 17:39:30.339: NAT*: s=192.168.10.1->218.100.100.1, d=4.4.4.4
[29906]
  *Apr 28 17:39:30.403: NAT*: s=4.4.4.4, d=218.100.100.1->192.168.10.1
[29906]
  R1#
  *Apr 28 17:39:31.447: NAT*: s=192.168.10.1->218.100.100.1, d=4.4.4.4
[29907]
  *Apr 28 17:39:31.507: NAT*: s=4.4.4.4, d=218.100.100.1->192.168.10.1
[29907]
  R1#
  *Apr 28 17:39:32.523: NAT*: s=192.168.10.1->218.100.100.1, d=4.4.4.4
[29908]
  *Apr 28 17:39:32.555: NAT*: s=4.4.4.4, d=218.100.100.1->192.168.10.1
[29908]
  R1#
  *Apr 28 17:39:33.611: NAT*: s=192.168.10.1->218.100.100.1, d=4.4.4.4
[29909]
  *Apr 28 17:39:33.655: NAT*: s=4.4.4.4, d=218.100.100.1->192.168.10.1
[29909]
```

　　从跟踪的结果可以看出，私有地址 192.168.10.1 通过 isp1 的公网地址 218.100.100.1 进行地址转换，私有地址 192.168.20.1 通过 isp2 的公网地址 222.120.111.1 进行地址转换。

　　用 no debug ip nat 命令关闭调试。

（4）测试某条线路出现故障时的自动切换情况

现在人为断开某条线路，如断开 isp1（在 R1 的 f1/0 端口下执行 shutdown 命令），在 PC1和 PC2 上执行 ping 命令和 tracert 命令，结果如图 7-11 所示。

图 7-11　当线路 ips1 出现故障时所有用户都走 isp2

当 isp1 出现故障时，192.168.10.0 网段的数据包由 isp2 线路进行转发，确保 192.168.10.0网段的用户能够正常访问外网，实现了自动备份。

现在恢复 isp1（在 R1 的 f1/0 端口下执行 no shutdown 命令），然后再断开 isp2（在 R1的 f1/1 端口下执行 shutdown 命令），在 PC1 和 PC2 上再次执行 ping 命令和 tracert 命令，结果如图 7-12 所示。

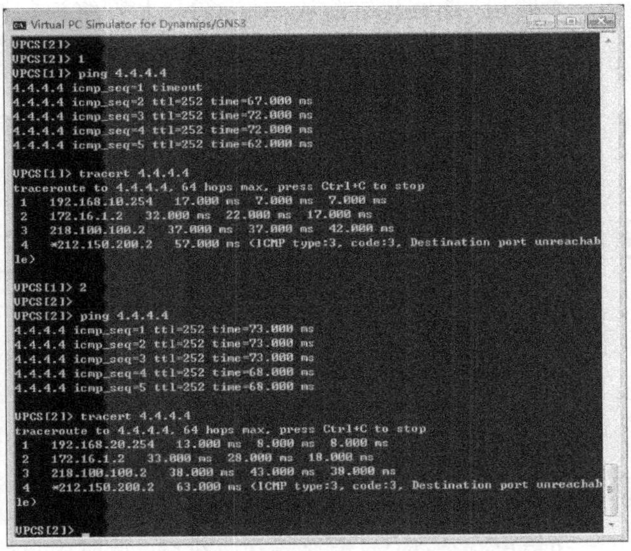

图 7-12　当线路 IPS2 故障时所有用户都走 ISP1

　　从结果可以看出，当 isp2 出现故障时，192.168.20.0 网段自动切换到了 isp1 线路，两个网段的用户都能正常访问外部网络。

# 7.4　PPP 协议和 PPPoE 接入

## 7.4.1　PPP 协议简介

　　用户访问互联网一般有两种途径，一种途径是用户计算机连接到单位的局域网上，假设单位的局域网已经是与互联网联通的，此时用户可以通过单位的局域网来访问互联网。另一种途径是用户计算机连接到某个 ISP（Internet Service Provider，互联网服务提供商），直接访问互联网。前一种已在其他章节中介绍，本节讨论后一种接入访问方法。

　　多年来，电信运营商建设了大量的串行通信网，即公共电话网，但 TCP/IP 数据包本身并不能够通过串行链路来传输，因此人们迫切需要一种协议，使得 TCP/IP 数据包可以在串行线路上传输，本节讨论的 PPP 协议就是其中之一。

　　PPP（Point to Point Protocol），即点对点的协议，它是一种数据链路层协议，它为在廉价的线路（RS232 串口链路、电话 ISDN 线路等）上传输 OSI 模型中的网络层报文提供了一种有效的方法。人们早期通过拨号上网使用的便是这种技术。

　　严格地说，PPP 不是一个协议，而是一个协议族，包含了 LCP（Link Control Protocol，链路控制协议）、NCP（Network Control Protocol，网络控制协议）、PAP（Password Authentication Protocol，密码认证协议）和 CHAP（Challenge Handshake Authentication Protocol，询问握手认证协议）等有关协议，这些协议在后面的内容中将涉及。

## 7.4.2　PPP 协议工作原理

　　PPP 连接需要经历三个阶段：链路建立阶段、认证阶段和网络控制协商阶段，如图 7-13所示。

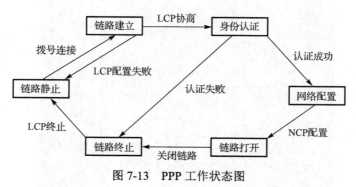

图 7-13　PPP 工作状态图

### 1．链路建立阶段

　　PPP 链路的初始状态和结束状态都是"链路静止"状态，此时用户计算机和 ISP 的端接设备之间没有物理层的连接。当用户计算机通过 Modem（调制解调器）发出呼叫信号时，

ISP 的局端设备可以检测到载波信号，如果顺利的话，双方就建立了一条物理链路。接着双方开始协商数据链路层参数，以建立一条数据链路层的 LCP 连接。

PPP 发起方发送一个 LCP 配置请求帧（即 LCP 报文），双方获得当前点对点连接的状态配置，其中包括最大帧长、认证协议类型、使用何种网络控制协议等参数，然后进入认证阶段。

### 2．认证阶段

认证阶段是可选的，如果链路建立阶段没有设置认证方式，则将忽略本阶段直接进入网络控制协商阶段。认证阶段使用链路建立阶段确定下来的认证方式来为链路授权，以保证点对点连接的安全性，防止非法终端的接入。常用的认证方式有 PAP 和 CHAP 两种。

PAP 认证是两次握手的认证方式，密码为明文。认证过程如下：被认证方（连接发起方）发送自己的用户名和密码到认证方，认证方查看该用户的账户信息是否正确。如果用户的账户信息正确，则认证方向被认证方返回一个 ACK 报文，通知对方可以进入下一阶段的协商；否则就发送一个 NAK 报文，通知对方认证失败，此时并不会直接关闭链路，发起方还可以重新输入用户名和密码继续要求认证，只有当认证失败的次数达到规定值时才会关闭链路。

PAP 认证的特点是在网络上用明文来传输用户名和密码，安全性较低。

CHAP 认证为三次握手的认证方式，密码是加密后的密文。认证过程如下。

认证第一步：主认证方（服务端）向被认证方发送一个随机 Challenge 报文，该报文的长度和内容都是随机的（这个随机数据需要保存，后面要使用），再加上认证用户名和序列号（id）一起发送给被认证方，被认证方从收到的 Challenge 报文中提取出主认证方的认证用户名，然后到自己的本地数据库中查找对应的密码（如果没有设密码就用默认密码），将查到的密码与主认证方发来的 id 和随机数据根据 MD5 算法算出一个 Hash 值。被认证方给主认证方返回一个 Response 报文，该报文包含 id（与认证请求中的 id 相同）、计算得到的 Hash 值、被认证方的认证用户名等信息。

认证第二步：主认证方处理 Response 报文。根据被认证方发来的认证用户名，主认证方在本地数据库中查找被认证方对应的密码，根据 id 找到先前保存的随机数据，再加上 id 值，也利用 MD5 算法算出一个 Hash 值，与被认证方传递过来的 Hash 值进行比较，如果一致，则认证通过，并返回一个 ACK 报文；如果不一致，则认证失败，返回一个 NAK 报文。

CHAP 认证的特点是只在网络上传输用户名，而并不传输用户密码，因此它的安全性要比 PAP 认证的安全性高。同时，它是由服务端发起认证的，可有效防止暴力破解。

### 3．网络控制协商阶段

由于现在的路由器可以支持多种网络协议，这就导致 PPP 两端可能会使用不同的网络层协议，因此，双方进行协商是必要的过程。

认证阶段完成后，PPP 将调用在链路创建阶段选定的网络控制协议（NCP）来进行网络参数配置。在该阶段，PPP 两端的网络控制协议（NCP）根据网络层的不同协议互相交换网络层特定的网络控制分组，如果网络层使用的是 IP 协议（阶段 1 中应该选定的是 IPCP 协议），则 PPP 服务端调用 IPCP 协议模块为接入用户分配动态 IP 地址。

网络控制协商阶段完成以后，PPP 链路进入打开（open）状态，双方就可以发送数据包了。数据传输完成后，PPP 链路的一端可以向另一端发送一个 LCP 终止报文，对方收到 LCP 终止报文后，返回一个 LCP 确认终止报文，PPP 链路进入链路终止状态，随后进入链路静止状态。这样，一次 PPP 通信就结束了。

### 7.4.3　PPP 协议的缺陷

在 20 世纪 90 年代互联网向个人用户普及的时候，个人用户上网使用最为普遍的一种方式就是拨号上网。用户需要一台个人计算机、一个外置或内置的调制解调器（Modem）和一根电话线，再向本地 ISP（如电信）申请一个账号和密码，然后通过电话线拨号接入 ISP 就可以访问互联网了。这种上网方式就使用了 PPP 协议，在用户 Modem 和 ISP 接入服务器之间的点对点链路上，使用 PPP 协议封装 IP 报文来实现用户对互联网的访问、流量控制和计费等功能。

使用拨号访问方式，上网与打电话这两种功能是相互排斥的，如果用户正在上网，则电话线的信道将会被用户计算机与 ISP 接入服务器之间的连接线路完全占用，不能同时打电话，只有等到拨号下线以后才能使用电话。即打电话的时候不能上网，上网的时候不能打电话，用户使用起来很不方便。另外，这种接入方式最高只能达到 56kbps 的上网速率，但在实际使用时，由于链路的原因，56kbps 的上网速率也是很难达到的。

### 7.4.4　ADSL 接入技术

针对 PPP 拨号方式的缺陷，人们利用 ISDN、ADSL、VDSL、HDSL 等技术对互联网接入方案进行了改进，其中使用最广泛，推广最成功的就是 ADSL 技术，也就是所谓的宽带。本节将对 ADSL 技术做简要介绍。

ADSL（Asymmetric Digital Subscriber Line，非对称数字用户线路）是 xDSL 家族（ADSL、VDSL、HDSL 等）中的一员，因为 ADSL 技术提供的上行和下行带宽不对称（不相等），因此称为非对称数字用户线路。ADSL 利用分布广泛的公共电话线路来为用户提供互联网服务，在用户电话进线处用一个分离器将电话线一分为二，一边连接用户的电话机，另一边连接一个 ADSL Modem（俗称"猫"）的终端设备，在 ADSL Modem 上通过双绞线连接计算机，用户通过拨号方式来访问互联网。ADSL 的连接示意图如图 7-14 所示。

图 7-14　ADSL 连接示意图

ADSL 采用频分复用技术，把普通的电话线分成三个独立的信道，即语音信道、上行信道和下行信道。语音信道用于传输电话语音，上行信道和下行信道用于传输上网的数据，三个信道不会相互干扰，这样就解决了在 PPP 拨号方式下打电话和上网不能同时进行的问题。理论上，ADSL 可在 5km 的范围内，在一对铜缆双绞线上提供最高为 1Mbps 的上行速率和最高为 8Mbps 的下行速率，能同时提供话音和数据业务。一般来说，ADSL 速率完全取决于线路的距离，线路越长，速率越低。

ADSL 技术能够充分利用现有公共交换电话网的线路资源，只需在线路两端加装 ADSL 设备，即可为用户提供较好的宽带服务，无须重新布线，从而可极大地降低建设成本。因此，ADSL 技术在居民宽带接入中得到了广泛的应用，为互联网的推广和普及起到了极大的推动作用。

新的 ADSL2+技术可以提供最高为 24Mbps 的下行速率，与第一代 ADSL 技术相比，ADSL2+打破了 ADSL 接入方式带宽限制的瓶颈，在速率、距离、稳定性、功率控制、维护管理等方面进行了改进，其应用范围更加广阔。

## 7.4.5　光纤入户

随着互联网的发展，人们对多媒体音视频的使用已非常普遍，高清图像和视频的传输需要大的带宽线路，但传统的 ADSL 只能提供最高理论值为 8Mbps 的下载带宽，这个带宽是永远不会改变的，而且在实际使用过程中，由于普通电话线路噪声的影响，很难达到 8Mbps 的理想带宽。显然，传统的 ADSL 技术已不能满足用户对上网带宽的需求，迫切需要一种新的技术来取代传统的电话线路。

由于光传输技术的极大进步，以及光纤制造成本的大幅下降，使得大面积的光纤布线成为可能。同时，国家为实现互联网战略，在全国各级城市积极实施"光进铜退"工程，各大运营商将光纤铺设到了城市的每一栋楼内，即所谓的光纤到楼（Fiber to The Building，FTTB），很多地方已实现了光纤到户（Fiber to The Home，FTTH），从而取代了基于铜线的传统公共电话网。

FTTB 采用的是专线接入，光纤直接通到大楼，再用双绞线接到用户的计算机上，用户上网无须拨号，在使用上与单位的局域网用户是一样的。

FTTH 是将光纤直接通到用户家中，连接到一个称为"光猫"的用户终端设备上，在"光猫"的 LAN 口上连接一条双绞线到用户的计算机上，再通过与 ADSL 一样的拨号方式上网，如图 7-15 所示。

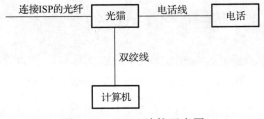

图 7-15　FTTH 连接示意图

无源光网络（PON）是目前最流行的宽带光纤接入技术。PON 是指局端的 OLT（光线路终端）设备和客户端的 ONU（光网络单元）设备，以及连接 OLT 和 ONU 的 ODN（光分配网络）全部采用无源设备的光接入网络。PON 有 EPON 和 GPON 两种技术。

OLT 是放在 ISP 数据机房的连接设备，也称为 OLT 交换机，一般直接连在 BRAS 下，一个 OLT 通过分光器可以挂接多个 ONU，如图 7-16 所示。它的功能一方面将承载各种业务的信号在局端进行汇聚后向终端用户传输，另一方面将来自终端用户的信号按照业务类型分别送入各种业务网中。OLT 是 PON 的核心部分。

图 7-16　OLT 机箱前视图

ONU 是放置在客户端的光网络连接设备，目前在运营商提供的光纤入户业务中，家庭用户终端设备使用的"光猫"就是一种 ONU。它的一端通过光纤连接到 ISP 运营商，另一端通过电口（双绞线）连接到用户计算机。图 7-17 所示是一款"光猫"实物图，左边是连接光纤的接口，标记为 POTS 的端口可以连接电话机，LAN 接口连接计算机。有的 ONU 设备上可能还有 CATV（电视）接口。

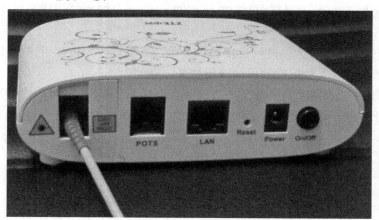

图 7-17　"光猫"（FTTH Modem）实物图

ODN 位于 OLT 和 ONU 之间，为 OLT 和 ONU 提供光传输手段，完成光信号在传输过程中的分配任务。它不是一个单独的设备，而是包括了光纤、光纤配线架、光交接箱、光分线盒、光分路器、光转接头和尾纤等一系列设备。简单地说，ODN 就是把 OLT 和众多 ONU 连接起来的中间设施，是运营商光网络的最基础部分。ODN 是无源的，所谓无源就是不需要供电，无须担心因停电而造成网络中断，只要保证中心机房设备正常工作就可以，因此对运营商来说是非常省事的。

OLT、ODN 和 ONU 三者的关系如图 7-18 所示，OLT 与 ONU 之间通过光分路器（Splitter，简称分光器）的连接形成点到多点的结构。上行方向为 TDMA 方式，各 ONU 的上行数据分时发送，各 ONU 的发送时间与长度由 OLT 集中控制。下行方向为广播方式，每个 ONU 根据下行数据的标识信息接收属于自己的数据，丢弃其他用户的数据。

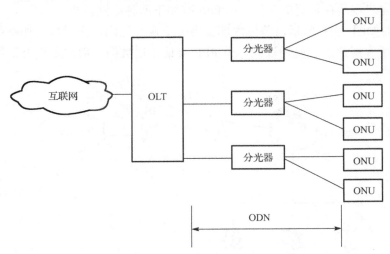

图 7-18　OLT、ODN 和 ONU 三者关系示意图

目前 FTTH 常用的 PON 技术有 EPON 和 GPON 两种技术。EPON 采用 IEEE 802.3 标准，以太网格式封装，技术简单，成本较低；GPON 由 ITU-T 标准化，采用 GEM 封装，技术复杂，成本较高。由此可见，EPON 和 GPON 两者虽然都是无源光网络，但采用的是不同的标准体系。由于 GPON 的技术更先进，随着制造成本的下降，GPON 是今后的主流发展方向。

FTTH 的优点主要有：第一，它是无源网络，从局端到用户，中间基本上可以做到无源，对运营商来说维护非常简单；第二，传输介质采用的是光纤，因此传输距离远，适于大规模部署；第三，从理论上来讲，单模光纤的带宽可以做到无穷大，也就是说，单模光纤的带宽可以是无限的，因此不再有如 ADSL 的带宽限制；第四，FTTH 的上行数据带宽和下行数据带宽是相等的，不存在 ADSL 中的非对称情况。

### 7.4.6　PPPoE 概述

PPP 是为串行通信设计的，具有身份认证和计费等功能，但它是窄带技术，带宽非常有限。然而，以太网技术发展迅猛，尤其是快速以太网的广泛应用为用户提供了更大的带宽，但在传统的以太网模型中，没有身份认证和计费等功能。因此，如何解决带宽和用户控制管理之间的矛盾是运营商迫切需要解决的问题。IETF 的工程师们提出了在以太网上传送 PPP 数据包的思想，即 PPPoE（Point to Point Protocol over Ethernet），它是在以太网络中传输 PPP 帧信息的技术，它将 PPP 与以太网的优点结合在一起，从而有效地解决了带宽与用户控制管理之间的矛盾，极高的性价比使 PPPoE 在 ADSL、FTTH 等宽带应用中被广泛采用，为推动互联网的发展起到了巨大的作用。

PPPoE 使用 Client/Server 模型，PPPoE 的客户端为 PPPoE Client，PPPoE 的服务器端为

PPPoE Server。PPPoE Client 向 PPPoE Server 发起连接请求，两者之间会话协商通过后，PPPoE Server 向 PPPoE Client 提供接入控制、认证等功能。

## 7.4.7 PPPoE 的连接方式

根据 PPP 客户端所在位置的不同，PPPoE 有如下两种组网结构。

第一种结构如图 7-19 所示，单位内部公用一个账号上网，在设备（如路中器）之间建立 PPP 会话，所有用户的主机通过同一个 PPP 会话传送数据，用户主机上不用安装 PPPoE 客户端拨号软件。

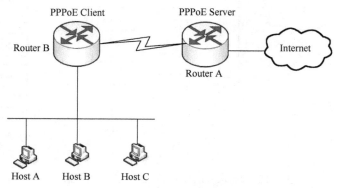

图 7-19 PPPoE 组网结构一

第二种结构如图 7-20 所示，在每一个 Host 与 PPPoE Server 之间都要建立一个 PPP 会话，每个 Host 都是 PPPoE Client，且都有一个自己的一个账号，在 Host 上必须安装 PPPoE 客户端拨号软件。

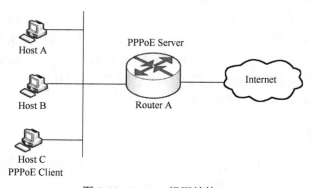

图 7-20 PPPoE 组网结构二

## 7.4.8 PPPoE 的报文格式和连接

PPPoE 报文的格式就是在以太网帧中携带 PPP 报文，如图 7-21 所示。

PPPoE 的连接过程可分为两个阶段，如图 7-22 所示。

### 1．Discovery 阶段

Discovery（发现）阶段完成两个主要任务，一是寻找可用的服务器（接入集中器或交换机），二是得到 Session-ID，开始 PPP 的连接建立过程。本阶段包括如下 4 个过程。

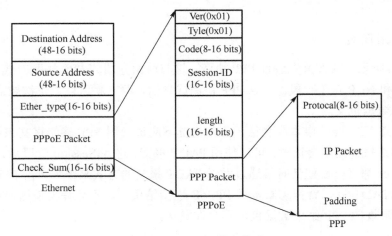

图 7-21　PPPoE 报文格式

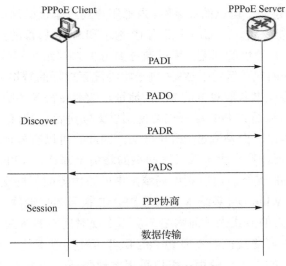

图 7-22　PPPoE 的连接过程

（1）PPPoE Client 以广播的方式发送一个 PADI 报文（PPPoE 有效发现初始包），在此报文中包含 PPPoE Client 的 MAC 地址和需要的服务类型信息。

（2）所有的 PPPoE Server 收到 PADI 报文之后，将其中请求的服务与自己能够提供的服务进行比较，如果可以提供，则单播回复一个 PADO 报文（PPPoE 有效发现提供包）。该报文中包含 PPPoE Server 可以提供的服务以及自己的 MAC 地址。

（3）如果网络中存在多个 PPPoE Server，则 PPPoE Client 可能收到多个 PADO 报文，PPPoE Client 选择最先收到的 PADO 报文对应的 PPPoE Server 作为自己的 PPPoE Server，并单播发送一个 PADR 报文（PPPoE 有效发现请求包）。

（4）PPPoE Server 产生唯一的会话标识（Session-ID），并向 PPPoE Client 发送一个 PADS 报文（PPPoE 有效发现会话确认包）。该报文中包含产生的 Session-ID，本次 PPPoE 连接就用这个 Session-ID 和双方的 MAC 地址作为唯一标识。如果没有错误，会话建立后便进入 Session 阶段。

### 2. Session 阶段

在 Session 阶段，双方首先进行 PPP 协商，这与前面介绍的 PPP 协商方式是一样的，分为 LCP、认证和 NCP 三个阶段。一旦 PPP 协商成功后，双方就可以在本次建立的 PPPoE 连接上传输 PPP 数据报文。

如果 PPPoE 双方要结束本次会话，正常情况下应该使用 PPP 终结报文来进行，但在无法使用 PPP 终结报文结束会话时，可以使用 PADT 报文。进入 Session 阶段后，PPPoE Client 和 PPPoE Server 都可以在任何时候通过发送 PADT 报文的方式来结束本次 PPPoE 连接。在发送或接收到 PADT 后，就标志着本次 PPPoE 连接结束了，不允许再使用该会话发送 PPP 流量，即使是常规的 PPP 结束数据包也不允许发送。

## 7.4.9　PPPoE 在局域网中的应用

现在大多数单位都建立了自己的局域网，内部用户通过单位的局域网来访问互联网非常方便。但对局域网管理员来说，内部用户乱用 IP 地址和 ARP 病毒的泛滥导致局域网管理非常困难。对于用户乱用 IP 地址的问题，可以通过 DHCP 协议给用户分配动态 IP 地址，来有效地解决盗用 IP 地址的问题；但对于 ARP 攻击始终没有很好的解决方法，原因在于局域网通信中必须使用 ARP 协议来获取对方的 MAC 地址，这就使得各种防止 ARP 病毒攻击的方法很难从根本上解决问题。而 PPPoE 尽管也要使用以太帧进行封装，但它在获取对方的 MAC 地址时并不使用 ARP 协议，而是通过 PADI 报文，因此它可以有效地防止 ARP 病毒攻击。

由于技术的不断发展，现在大多数厂家提供的路由器都具有 PPPoE 功能，有些高端的三层交换机也提供 PPPoE 支持。可以利用局域网中的路由器或三层交换机作为 PPPoE 服务器，而用户计算机中的 Windows 系统本身自带 PPPoE 拨号客户端软件，因此在局域网中的用户也可用类似宽带接入的方式来访问网络，从而实现对用户的有效管理。

在 cisco 路由器或三层交换机中实现 PPPoE 服务可分为以下几个步骤：

① 配置用户信息，如果用户较少，可以采用本地验证，如果用户较多，最好再配置一台 Radius 服务器对用户进行集中管理；

② 建立地址池；

③ 配置虚拟模板接口参数，主要有关联的地址池、PPP 的认证方式等；

④ 建立 bba 组，并绑定到虚拟模板；

⑤ 在需要使用 PPPoE 拨号的端口下启用 PPPoE。

下面通过一个示例来说明 PPPoE 在局域网中的应用。

例 7.4　在 GNS3 中创建一个网络拓扑，如图 7-23 所示，计算机 C1 和 C2 要使用本地网卡，如果有两块网卡，可以模拟出两台计算机同时拨号的情况，如果只有一块网卡，则只能模拟出一台计算机的拨号情况。计算机 C1 或 C2 的配置如图 7-24 所示。

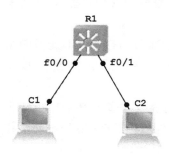

图 7-23　PPPoE 实验拓扑图

图 7-24　模拟 PC 的配置

交换机 R1 的配置如下：

```
R1(config)#aaa new-model
R1(config)#aaa authentication ppp default local    //验证方式为本地验证
R1(config)#username user1 password 0 user1         //建立用户和密码
R1(config)#username user2 password 0 user2
R1(config)#ip dhcp pool pool_1                      //建立动态地址池 pool_1
R1(dhcp-config)#network 192.168.10.0 255.255.255.0
R1(dhcp-config)# default-router 192.168.10.254
R1(dhcp-config)#dns-server 61.128.114.166 218.195.192.73
R1(dhcp-config)#exit
R1(config)#ip dhcp pool pool_2                      //建立动态地址池 pool_2
R1(dhcp-config)#network 192.168.20.0 255.255.255.0
R1(dhcp-config)#default-router 192.168.20.254
R1(dhcp-config)#dns-server 61.128.114.166 218.195.192.73
R1(dhcp-config)#exit
R1(config)#interface Virtual-Template1  //在虚拟模板接口中指定 pppoe 拨号参数
R1(config-if)#ip address 192.168.10.254 255.255.255.0
R1(config-if)#peer default ip address dhcp-pool pool_1    //关联地址池
R1(config-if)#ppp authentication chap    //设置 ppp 的认证方式为 chap
R1(config-if)#exit
R1(config)#interface Virtual-Template2  //在虚拟模板接口中指定 pppoe 拨号参数
R1(config-if)#ip address 192.168.20.254 255.255.255.0
R1(config-if)#peer default ip address dhcp-pool pool_2    //关联地址池
R1(config-if)#ppp authentication chap  //设置 ppp 的认证方式为 chap
R1(config-if)#exit
R1(config)#bba-group pppoe bba_1        //建立 bba 组
R1(config-bba-group)#virtual-template 1                //绑定到虚拟模板
R1(config-bba-group)#exit
R1(config)#bba-group pppoe bba_2                       //建立 bba 组
R1(config-bba-group)#virtual-template 2               //绑定到虚拟模板
```

```
R1(config-bba-group)#exit
R1(config)#interface FastEthernet0/0
R1(config-if)#pppoe enable group bba_1                    //启用PPPoE
R1(config)#interface FastEthernet0/1
R1(config-if)#pppoe enable group bba_2                    //启用PPPoE
```

　　客户端 PPPoE 连接状态如图 7-25 所示。在 cmd 窗口中，用 ipconfig /all 命令查看客户端 IP 地址的情况，如图 7-26 所示。

图 7-25　客户端 PPPoE 连接状态

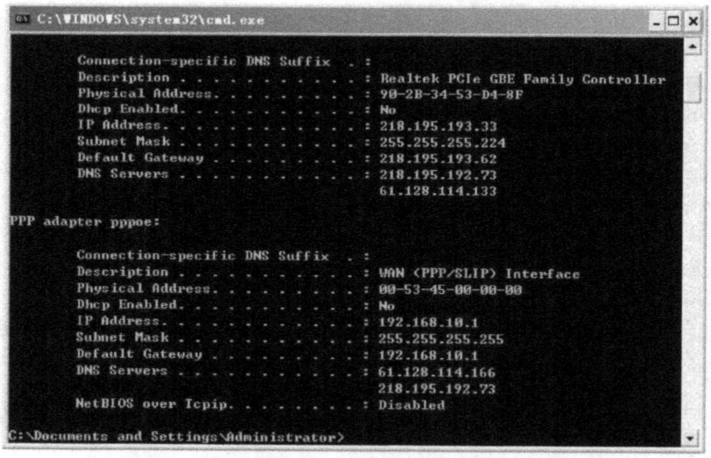

图 7-26　PPPoE 客户端地址分配情况

　　这样，就在 GNS3 模拟环境下实现了 PPPoE 拨号功能。需要注意的是，在用户计算机采用 PPPoE 拨号方式接入网络的情况下，用户计算机的所有数据包（包括连接建立阶段的各种通信包和连接建立后正常的 PPP 数据包）都需要在 PPPoE 服务端进行封包和解包。当用户较多时，这对 PPPoE 服务器来说是一个巨大的挑战，这就要求 PPPoE 服务器具有较高的性能，否则，PPPoE 服务器将会出现丢包的现象。因此，如果希望在局域网中用户使用 PPPoE 拨号方式接入，最好单独购买一台 PPPoE 专用设备。

# 习题 7

7.1　MAC 地址绑定有哪几种形式？各有什么优缺点？

7.2　什么是 PVLAN？

7.3　使用 PVLAN 的端口有哪几种类型？简述每种类型端口的通信规则。

7.4　假设现有一个 VLAN 50，要求使用 VLAN 50 的用户全部需要二层隔离，应该怎样配置？

7.5　简述路由图（route-map）的构成，并说明其执行过程。

7.6　简述 PPP 协议的工作原理。

7.7　简述 FTTH 和 PON 的技术原理以及 FTTH 的主要优点。

7.8　简述 PPPoE 的连接方式。

7.9　简述 PPPoE 的连接过程。

# 附录　Cisco 与华为路由交换基本命令对照表

Cisco 与华为路由交换基本命令对照表

| 命令描述 | Cisco 命令 | 华为命令 |
|---|---|---|
| 进入特权模式 | enable | system |
| 进入全局模式 | config t | 无 |
| 设备更名 | hostname 新名称 | sysname 新名称 |
| 查看配置文件 | show run | display current |
| 查看软件版本 | show version | display version |
| 查看接口状态 | show ip interface brief | display interface |
| 查看 vlan 信息 | show vlan brief | display vlan all |
| 设置特权模式密码 | enable password 123 //明文<br>enable secret 123　　//密文 | super password simple 123　　//明文<br>super password cipher 123　　//密文 |
| 设置 telnet | line vty 0 4<br>password 123<br>login | user-interface vty 0 4<br>set authentication password simple 123 |
| 返回 | exit | quit |
| 保存配置文件 | write | save |
| 接口配置地址 | interface f0/0<br>ip address 地址 掩码<br>no shut | interface f0/0<br>ip address 地址 掩码<br>undo shut |
| 静态路由 | ip route 网段 掩码 下一跳 | ip route-static 网段 掩码 下一跳 |
| 默认路由 | ip route 0.0.0.0 0.0.0.0 下一跳 | ip route-static 0.0.0.0 0.0.0.0 下一跳 |
| RIP 路由 | router rip<br>version 2<br>network 网段 | rip 进程号<br>version 2<br>network 网段 |
| OSPF 路由 | router ospf 进程号<br>network 网段 反掩码 area 区域号<br>default-information originate //引入默认路由 | ospf 进程号<br>import-route direct　　//引入直连路由<br>import-route static　　//引入静态路由<br>area 区域号<br>network 网段 反掩码 |
| BGP 路由 | router bgp 本地自治系统号<br>network 网段 mask 掩码<br>neighbor 邻居地址 remote-as 邻居自治系统号<br>redistribute rip　　//注入 rip 路由<br>redistribute ospf 进程号　//注入 ospf 路由<br>redistribute static //注入静态路由 | bgp 本地自治系统号<br>network 网段 掩码<br>peer 邻居地址 as-number 邻居自治系统号<br>import rip 进程号 //注入 rip 路由<br>import ospf 进程号 //注入 ospf 路由<br>import static　　　//注入静态路由 |
| 查看路由表 | show ip route | display　ip routing-table |
| 标准的 ACL | access-list 表号 permit/deny 源地址 反掩码<br>//表号介于 1 到 99 之间 | acl number 表号　//表号介于 2000 到 2999 之间<br>rule　permit/deny source 源地址 反掩码 |
| 扩展的 ACL | access-list 表号 permit/deny 协议 源地址 反掩码 关系 源端口 目标地址 反向掩码 关系目标端口<br>//表号介于 100 到 199 之间 | acl number 表号　//表号介于 3000 到 3999 之间<br>rule　permit/deny 协议 source 源地址反掩码 destination 目的地址反掩码 source-port 关系端口号 destination-port 关系端口号 |
| 命名的 ACL | ip access-list standard/extended 名字<br>permit ……<br>deny …… | acl name 名字 basic/advance<br>rule permit ……<br>rule deny …… |

续表

| 命令描述 | Cisco 命令 | 华为命令 |
|---|---|---|
| 静态 NAT | 1．ip nat inside source static 私有地址　公网地址<br>//在内部接口执行以下命令<br>2．ip nat inside<br>//在外部接口执行以下命令<br>3．ip nat outside | //在外部接口执行以下命令<br>nat static global 公网地址 inside 私有地址 |
| 动态 NAT | 1．ip nat pool 地址池 起始公网地址 结束公网<br>地址 netmask 掩码<br>2．access-list 编号 permit 内部网段 反向掩码<br>3．ip nat inside source list 编号 pool 地址池名称<br>//在内部接口执行以下命令<br>4．ip nat inside<br>//在外部接口执行以下命令<br>5．ip nat outside | 1．nat address-group 1 开始公网地址 结束公网地址<br>2．acl number 表号　//2000-2999<br>rule　permit source 内部地址 反掩码<br>//在外部接口执行以下命令<br>3．nat outbound 表号 address-group 1 no-pat |
| 动态 PAT | 1．access-list 编号 permit 内部网段 反向掩码<br>2．ip nat inside source list 编号 interface 对外<br>接口 overload<br>//在内部接口执行以下命令<br>3．ip nat inside<br>//在外部接口执行以下命令<br>4．ip nat outside | acl 2000　　//创建表号为 2000 的 acl<br>　　rule permit source 内部网段 反掩码<br>//在外部接口执行以下命令<br>nat outbound 2000 |
| 静态 PAT | ip nat inside source static 协议 私有地址 源端<br>口 公网地址 目的端口 | nat server protocol 协议 global 公网地址 源端口<br>inside 私有地址 目的端口 |
| 创建 vlan | vlan database<br>vlan 10　　//创建 vlan 10 | vlan 10 |
| 删除 vlan | vlan database<br>no vlan 10　　//删除 vlan 10 | undo vlan 10 |
| 配置 vlan 地址 | interface vlan 10<br>ip address 地址 掩码<br>no shutdown | interface vlan 10<br>ip address 地址 掩码<br>undo shutdown |
| 将端口分配给 vlan | interface f0/1<br>　　switchport mode access<br>　　switchport access vlan 10 | interface f0/1<br>　　port access vlan 10<br>或者<br>vlan 10<br>　　port f0/1 |
| 设置端口为 trunk 模式 | interface f0/1<br>　　switchport mode trunk<br>　　switchport trunk encapsulation dot1q<br>　　switchport trunk allow vlan 10 | interface f0/1<br>　　port link-type trunk<br>　　port trunk allow-pass vlan 10 |
| 二层交换机设置默认网关 | ip default-gateway 地址（一般是上一层交换机的管理地址） | ip route-static 0.0.0.0 0.0.0.0 下一跳（一般是上一层交换机的管理地址） |
| 交换机提供 DHCP 服务 | ip dhcp pool V_10<br>　network 网段 掩码<br>　　default-router　//网关<br>　　dns-server DNS 地址 | dhcp enable<br>ip pool V_10　//创建名为 V_10 的地址池<br>　　gateway-list 网关<br>　　network 网段 mask 掩码<br>　　dns-list DNS 地址<br>interface vlan 10<br>　　dhcp select global |
| 创建用户名 | username abc password 123 | local-user abc<br>　　password cipher 123 |

# 参 考 文 献

[1] 谢希仁. 计算机网络（第六版）. 北京：电子工业出版，2013.

[2] 沈鑫剡. 路由和交换技术. 北京：清华大学出版社，2013.

[3] Todd Lammle 著. CCNA 学习指南（640-802）（第 7 版）[M]. 袁国忠，徐宏，译. 北京：人民邮电出版社，2012.

[4] David Hucaby，Steve McQuery，Andrew Whitaker，著. Cisco 路由器配置手册（第 2 版）[M]. 付强，张人元，译. 北京：人民邮电出版社，2012.

[5] 曹炯清. 路由与交换实用配置技术. 北京：清华大学出版社，2010.

[6] 马素刚，赵静茹，孙韩林. 计算机组网实验教程（第二版）[M]. 西安：西安电子科技大学出版社，2014.